행복한 초등생활을 위한
인기 유튜버 초등교사 안쌤의 무료 강의

- 유튜브에서 '초등교사 안쌤'을 검색하거나 QR코드를 스캔하면 무료로 강의를 들을 수 있습니다.
- 다음은 초등교사안쌤TV에서 들을 수 있는 강의 내용입니다.

강의 제목	주제
공부 및 학습방법 안내	• 학생들이 공부를 잘하기 위해 필요한 태도, 습관 안내 • 과목별 공부 방법, 교과서 공부 방법, 노트 정리 방법 등 실제적인 학습법 안내
상위 1% 학부모 되기	• 부모님의 성장을 위한 영상 안내 • 학교생활, 가정생활에서 부모님들께 전하고 싶은 내용
상위 1% 자녀교육	• 우리 아이, 자녀교육에 대한 영상 안내 • 학교생활, 가정생활에서 아이들과 부모님 모두에게 전하고 싶은 내용
독서교육 및 방법 안내	• 독서교육 방법 및 책 고르는 방법 • 함께 읽으면 좋을만한 도서 리뷰 안내
교육소식 및 뉴스 안내	• 국가교육 방향, 정책에서부터 교육과정 변화 등 뉴스나 이슈 안내 • 기초학력진단평가, 학업성취도평가 등 각종 시험에 대한 안내
학교와 교사에 대한 안내	• 학부모 상담, 공개수업, 학부모 총회 등 각종 학교 행사에 대한 안내 • 반 편성, 담임 편성, 자리 바꾸기 등 학교에서 궁금할만한 원리 안내 • 사람들이 궁금해하는 교사의 생각
기념일 및 역사공부	• 각 기념일마다 필요한 기본 상식을 배우며 역사 공부하기
배경지식 확장 및 개념 안내	• 학습의 기본 바탕이 되는 배경지식을 확장시킬 수 있는 영상

쌤이랑 초등수학 분수잡기 4학년

공부한 후에는 꼭 공부한 날짜를 적어보세요.
수학은 하루도 빠짐없이 꾸준히 공부할 때 실력이 쑥쑥 오른답니다.

4학년 2학기 분수편		
DAY	**학습 주제**	**공부한 날짜**
DAY 01	진분수의 덧셈(합이 1보다 작은 경우)	( )월 ( )일
DAY 02	진분수의 덧셈(합이 1보다 큰 경우)	( )월 ( )일
DAY 03	진분수의 뺄셈	( )월 ( )일
DAY 04	자연수와 진분수의 덧셈 · 뺄셈	( )월 ( )일
DAY 05	받아올림이 없는 대분수의 덧셈	( )월 ( )일
DAY 06	받아올림이 있는 대분수의 덧셈	( )월 ( )일
DAY 07	받아내림이 없는 대분수의 뺄셈	( )월 ( )일
DAY 08	받아내림이 있는 대분수의 뺄셈	( )월 ( )일
DAY 09	단원 총정리	( )월 ( )일

4학년 2학기 분수편 / 연산훈련문제		
DAY	**학습 주제**	**공부한 날짜**
DAY 10	진분수의 덧셈	( )월 ( )일
DAY 11	진분수의 뺄셈	( )월 ( )일
DAY 12	자연수와 진분수의 덧셈 · 뺄셈	( )월 ( )일
DAY 13	받아올림이 없는 대분수의 덧셈	( )월 ( )일
DAY 14	받아올림이 있는 대분수의 덧셈	( )월 ( )일
DAY 15	받아내림이 없는 대분수의 뺄셈	( )월 ( )일
DAY 16	받아내림이 있는 대분수의 뺄셈	( )월 ( )일

쌤이랑
초등수학
분수잡기
4학년

1판 1쇄 2022년 7월 20일

지은이 안상현
펴낸이 유인생
마케팅 박성하·이수열
디자인 NAMIJIN DESIGN
편집·조판 진기획
펴낸곳 (주) 쏠티북스
주소 (121-839) 서울시 마포구 양화로 7길 20 (서교동, 남경빌딩 2층)
대표전화 070-8615-7800
팩스 02-322-7732
이메일 saltybooks@naver.com
출판등록 제313-2009-140호

ISBN 979-11-88005-98-7

현직 초등교사 안쌤이랑 공부하면 '분수가 쉬워요!'

쌤이랑 초등수학 분수잡기

저자 무료강의
You Tube
초등교사안쌤TV

4 학년

안상현 지음 | 고희권 기획

쏠티북스

초등분수가 왜 중요한가?

안녕하세요. 초등교사 안쌤입니다.

수학 공부 어떻게 하고 있으신가요?

많은 가정에서 단순 연산 위주로 진행하고 있으실 것이라 예상됩니다. 그만 큼 초등수학에 있어 '수'라는 것이 중심이 될 수밖에 없다는 사실은 우리 모 두가 알고 있습니다. 모든 영역에서 결국 '수'와 '연산'을 이용하게 되니까요.

그래서 어릴 때부터 각 가정에서는 학습지, 문제집 풀기 등으로 무수히 많은 계 산을 연습합니다. 자연스럽게 1, 2학년 수학에서 중심이 되는 덧셈과 뺄셈, 그리고 나아가 곱셈까지는 아이들이 큰 어려움 없이 잘 터득합니다. 더 많은 노력과 연습을 한 학생은 자연스럽게 암산의 과정으로 넘어가기도 하지만 누군가는 연필을 이용하여 계산하고, 또 누군가는 손가락의 도움이 필요한 학생도 있습니다.

그러나 3, 4학년부터는 한 단계 올라가게 됩니다. 1, 2학년 때는 실생활에서 (숫자, 시간 등등) 자주 듣고 사용하여 친근한 내용들을 배웠다면 3, 4학년부터는 본격적인 수학적인 개념들도 종종 등장합니다. 즉, 단순 암기만으로 접근하기 어려운 개념도 등장하고, 원리나 과정을 이해해야 하는 과정이 필요합니다. 그중에서 대표적인 개념이 바로 '분수' 그리고 '소수'입니다. 1, 2학년에서 배웠던 자연수의 개념에서 벗 어나기 때문에 여기서부터 수에 대한 개념을 바로잡지 못한 아이들은 혼란스러워하고 수학을 어려워하 게 됩니다. 이런 상태의 아이 문제 상황을 제대로 파악하지 못하고 결국 3, 4학년에서 분수를 제대로 잡 아주지 못한다면 5, 6학년 수와 연산 부분을 포함하여 이 분수를 이용한 다른 영역들에서도 결손이 생 기는 것입니다. 지속적으로 학습 결손이 쌓이다 보면 학업 격차로까지 이어지는 문제가 발생하고, 무엇 보다 아이 스스로 수학을 멀리하게 되는 최악의 상황이 올 수 있습니다. 흔히 말하는 '수포자(수학 포기 자)'의 시작이 초등학교 3, 4학년 시기가 될 수도 있다는 점입니다.

이제 분수가 시작되는 3, 4학년 시기, 저와 함께 정확하게 이해하고 넘어가시기 바랍니다.

분수는 어렵기 때문에 3학년부터 6학년까지 조금씩 수준을 높여가면서 배웁니다.

기초 개념과 원리부터 정확하게 이해하고 많은 계산 연습을 해야만 실력이 향상됩니다.

학년	학기	단원명	학습내용
3학년	1학기	분수와 소수	• 생활 속 분수 알기 • 분수, 단위분수 알기 • 단위분수의 크기 알기
	2학기	분수	• 전체의 부분을 분수로 나타내기 • 가분수와 대분수 알아보기 • (분모가 같은) 분수의 크기 비교
4학년	1학기	X	
	2학기	분수의 덧셈과 뺄셈	• (분모가 같은) 진분수의 덧셈·뺄셈 • (분모가 같은) 대분수의 덧셈·뺄셈 • (자연수)-(분수) 계산하기
5학년	1학기	약수와 배수 약분과 통분 분수의 덧셈과 뺄셈	• 약수와 배수, 최대공약수와 최소공배수 • 크기가 같은 분수 • 약분과 기약분수, 통분 • (분모가 다른) 분수의 크기 비교 • 다양한 방법으로 분수의 덧셈·뺄셈 계산하기
	2학기	분수의 곱셈	• 분수와 자연수의 곱셈 • 진분수와 진분수의 곱셈 • 세 분수의 곱셈
6학년	1학기	분수의 나눗셈	• (자연수)÷(자연수)의 몫을 분수로 나타내기 • (진분수)÷(자연수), (분수)÷(자연수)
	2학기	분수의 나눗셈	• (분모가 같은) 분수의 나눗셈 • (분모가 다른) 분수의 나눗셈 • (자연수)÷(분수), (가분수)÷(대분수) • 나눗셈을 곱셈으로 바꾸기

5학년 1학기 때 배우는 약수와 배수, 약분과 통분은 아주 중요한 내용입니다.

분수를 다루는데 꼭 필요한 내용이므로 분수와 함께 다룹니다.

이 두 내용은 중학교, 고등학교 수학에서도 아주 많이 사용됩니다.

안쌤과 단계별로 공부하면 '분수가 쉬워요!'

1단계

개념이해 + 바로! 확인문제

수학을 잘하려면 개념을 정확히 알고 기억해야 합니다.

이해가 될 때까지 여러 번 읽으세요. 그다음에 '바로! 확인 문제'를 풀면서 개념을 다시 한번 정확히 이해하세요.

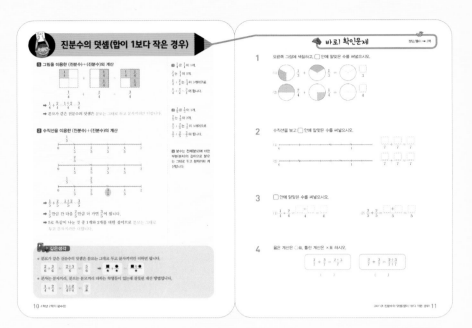

2단계

기본문제 – 배운 개념 적용하기

개념을 정확히 이해하면 쉽게 풀 수 있는 문제입니다.

문제가 잘 풀리지 않으면 꼭 1단계 개념을 다시 확인하고 와서 푸세요.

틀린 문제는 꼭 체크해 놓고 다시 한번 풀어보세요.

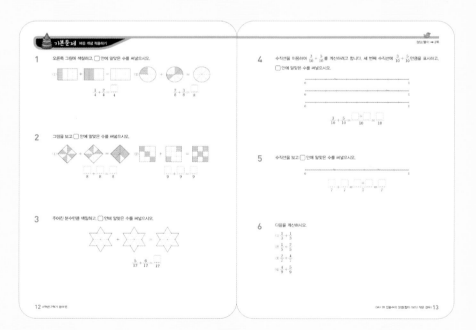

3단계

발전문제 – 배운 개념 응용하기

문제 수준이 좀 더 높아졌어요.

생각하고 또 생각하면 어려운

문제도 풀 수 있는 힘을 기를 수

있습니다.

서술형 문제도 있습니다.

풀이 과정을 꼼꼼히 써보세요.

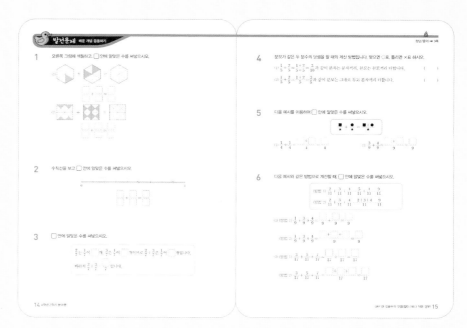

4단계

단원 총정리 / 연산훈련문제

지금까지 배운 내용을 다시 한

번 정리하고 실수 없이 계산을

할 수 있도록 복습 문제를 많이

실었습니다.

안 풀리는 문제가 있다면 1단계

로 다시 돌아가 힌트를 얻고 다

시 푸세요.

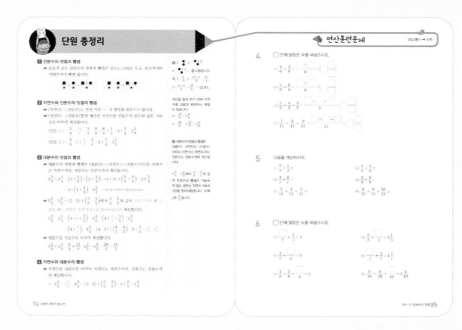

 **차례**

4학년 2학기 분수편

4학년 2학기 분수편 / 연산훈련문제

Ⅰ

4학년
2학기 분수편

진분수의 덧셈(합이 1보다 작은 경우)

1 그림을 이용한 (진분수)+(진분수)의 계산

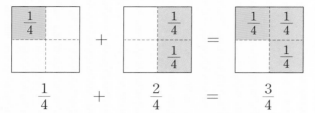

$$\frac{1}{4} \quad + \quad \frac{2}{4} \quad = \quad \frac{3}{4}$$

➡ $\dfrac{1}{4}+\dfrac{2}{4}=\dfrac{1+2}{4}=\dfrac{3}{4}$

➡ 분모가 같은 진분수의 덧셈은 분모는 그대로 두고 분자끼리만 더합니다.

2 수직선을 이용한 (진분수)+(진분수)의 계산

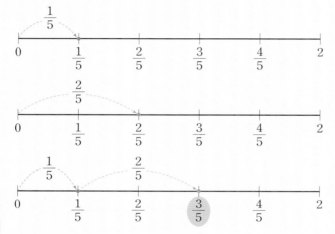

➡ $\dfrac{1}{5}+\dfrac{2}{5}=\dfrac{1+2}{5}=\dfrac{3}{5}$

➡ $\dfrac{1}{5}$만큼 간 다음 $\dfrac{2}{5}$만큼 더 가면 $\dfrac{3}{5}$이 됩니다.

➡ 5로 똑같이 나눈 것 중 1개와 2개를 더한 것이므로 분모는 그대로 두고 분자끼리만 더합니다.

1 $\dfrac{1}{4}$은 $\dfrac{1}{4}$이 1개,

$\dfrac{2}{4}$는 $\dfrac{1}{4}$이 2개,

$\dfrac{1}{4}+\dfrac{2}{4}$는 $\dfrac{1}{4}$이 3개이므로

$\dfrac{1}{4}+\dfrac{2}{4}=\dfrac{3}{4}$이 됩니다.

2 $\dfrac{1}{5}$은 $\dfrac{1}{5}$이 1개,

$\dfrac{2}{5}$는 $\dfrac{1}{5}$이 2개,

$\dfrac{1}{5}+\dfrac{2}{5}$는 $\dfrac{1}{5}$이 3개이므로

$\dfrac{1}{5}+\dfrac{2}{5}=\dfrac{3}{5}$이 됩니다.

v 분수는 전체(분모)에 대한 부분(분자)의 값이므로 분모는 그대로 두고 분자끼리 계산합니다.

깊은생각

● 분모가 같은 진분수의 덧셈은 분모는 그대로 두고 분자끼리만 더하면 됩니다.

$$\frac{2}{6}+\frac{3}{6} = \frac{2+3}{6} = \frac{5}{6} \quad \Rightarrow \quad \frac{\blacksquare}{\bigstar}+\frac{\bullet}{\bigstar} = \frac{\blacksquare+\bullet}{\bigstar}$$

● 분자는 분자끼리, 분모는 분모끼리 더하는 학생들이 있는데 잘못된 계산 방법입니다.

$$\frac{1}{4}+\frac{2}{4} = \frac{1+2}{4+4} = \frac{3}{8}$$

1 오른쪽 그림에 색칠하고, ☐ 안에 알맞은 수를 써넣으시오.

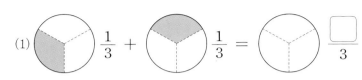

(1) $\dfrac{1}{3} + \dfrac{1}{3} = \dfrac{\square}{3}$

(2) $\dfrac{2}{4} + \dfrac{1}{4} = \dfrac{\square}{4}$

2 수직선을 보고 ☐ 안에 알맞은 수를 써넣으시오.

(1)

$\dfrac{\square}{7} + \dfrac{\square}{7} = \dfrac{\square}{7}$

(2)

$\dfrac{\square}{7} + \dfrac{\square}{7} = \dfrac{\square}{7}$

3 ☐ 안에 알맞은 수를 써넣으시오.

(1) $\dfrac{1}{4} + \dfrac{2}{4} = \dfrac{\square + \square}{4} = \dfrac{\square}{4}$

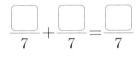 

(2) $\dfrac{2}{5} + \dfrac{2}{5} = \dfrac{\square + \square}{5} = \dfrac{\square}{5}$

4 옳은 계산은 ○표, 틀린 계산은 ×표 하시오.

$\dfrac{2}{7} + \dfrac{3}{7} = \dfrac{2+3}{7}$

(   )

$\dfrac{2}{7} + \dfrac{3}{7} = \dfrac{2+3}{7+7}$

(   )

1 오른쪽 그림에 색칠하고, ☐ 안에 알맞은 수를 써넣으시오.

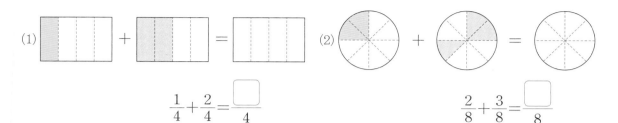

(1) $\dfrac{1}{4}+\dfrac{2}{4}=\dfrac{\boxed{}}{4}$

(2) $\dfrac{2}{8}+\dfrac{3}{8}=\dfrac{\boxed{}}{8}$

2 그림을 보고 ☐ 안에 알맞은 수를 써넣으시오.

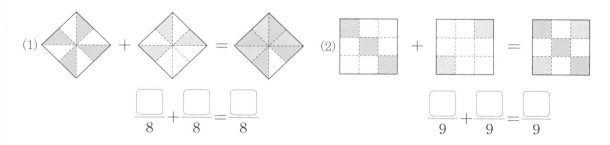

(1) $\dfrac{\boxed{}}{8}+\dfrac{\boxed{}}{8}=\dfrac{\boxed{}}{8}$

(2) $\dfrac{\boxed{}}{9}+\dfrac{\boxed{}}{9}=\dfrac{\boxed{}}{9}$

3 주어진 분수만큼 색칠하고, ☐ 안에 알맞은 수를 써넣으시오.

$\dfrac{5}{12}+\dfrac{6}{12}=\dfrac{\boxed{}}{12}$

4 수직선을 이용하여 $\dfrac{3}{10}+\dfrac{5}{10}$ 를 계산하려고 합니다. 세 번째 수직선에 $\dfrac{3}{10}+\dfrac{5}{10}$ 만큼을 표시하고, ⬚ 안에 알맞은 수를 써넣으시오.

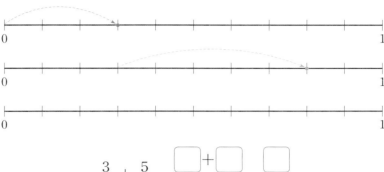

$$\frac{3}{10}+\frac{5}{10}=\frac{\boxed{}+\boxed{}}{10}=\frac{\boxed{}}{10}$$

5 수직선을 보고 ⬚ 안에 알맞은 수를 써넣으시오.

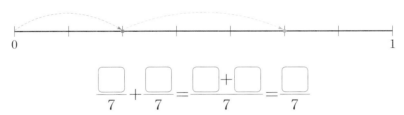

$$\frac{\boxed{}}{7}+\frac{\boxed{}}{7}=\frac{\boxed{}+\boxed{}}{7}=\frac{\boxed{}}{7}$$

6 다음을 계산하시오.

(1) $\dfrac{1}{3}+\dfrac{1}{3}$

(2) $\dfrac{1}{5}+\dfrac{2}{5}$

(3) $\dfrac{2}{7}+\dfrac{4}{7}$

(4) $\dfrac{4}{9}+\dfrac{5}{9}$

발전문제 배운·개념 응용하기

1 오른쪽 그림에 색칠하고, ☐ 안에 알맞은 수를 써넣으시오.

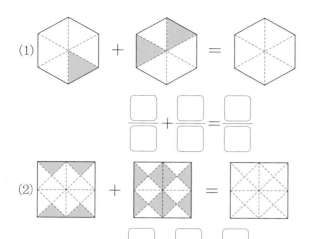

(1) $\dfrac{\Box}{\Box} + \dfrac{\Box}{\Box} = \dfrac{\Box}{\Box}$

(2) $\dfrac{\Box}{\Box} + \dfrac{\Box}{\Box} = \dfrac{\Box}{\Box}$

2 수직선을 보고 ☐ 안에 알맞은 수를 써넣으시오.

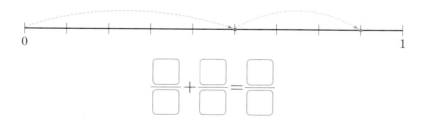

$$\dfrac{\Box}{\Box} + \dfrac{\Box}{\Box} = \dfrac{\Box}{\Box}$$

3 ☐ 안에 알맞은 수를 써넣으시오.

$\dfrac{2}{7}$ 는 $\dfrac{1}{7}$ 이 ☐ 개, $\dfrac{3}{7}$ 은 $\dfrac{1}{7}$ 이 ☐ 개이므로 $\dfrac{2}{7} + \dfrac{3}{7}$ 은 $\dfrac{1}{7}$ 이 ☐ 개입니다.

따라서 $\dfrac{2}{7} + \dfrac{3}{7} = \dfrac{\Box}{7}$ 입니다.

4 분모가 같은 두 분수의 덧셈을 할 때의 계산 방법입니다. 맞으면 ○표, 틀리면 ×표 하시오.

(1) $\dfrac{1}{5}+\dfrac{2}{5}=\dfrac{1+2}{5+5}=\dfrac{3}{10}$ 과 같이 분자는 분자끼리, 분모는 분모끼리 더합니다. (   )

(2) $\dfrac{1}{5}+\dfrac{2}{5}=\dfrac{1+2}{5}=\dfrac{3}{5}$ 과 같이 분모는 그대로 두고 분자끼리 더합니다. (   )

5 다음 예시를 이용하여 ☐ 안에 알맞은 수를 써넣으시오.

$$\dfrac{■}{★}+\dfrac{●}{★}=\dfrac{■+●}{★}$$

(1) $\dfrac{1}{4}+\dfrac{1}{4}=\dfrac{\boxed{}+\boxed{}}{4}=\dfrac{\boxed{}}{4}$

(2) $\dfrac{3}{9}+\dfrac{4}{9}=\dfrac{\boxed{}+\boxed{}}{9}=\dfrac{\boxed{}}{9}$

6 다음 예시와 같은 방법으로 계산할 때, ☐ 안에 알맞은 수를 써넣으시오.

(방법 1) $\dfrac{2}{11}+\dfrac{3}{11}+\dfrac{4}{11}=\dfrac{5}{11}+\dfrac{4}{11}=\dfrac{9}{11}$

(방법 2) $\dfrac{2}{11}+\dfrac{3}{11}+\dfrac{4}{11}=\dfrac{2+3+4}{11}=\dfrac{9}{11}$

(1) (방법 1) $\dfrac{1}{9}+\dfrac{3}{9}+\dfrac{4}{9}=\dfrac{\boxed{}}{9}+\dfrac{\boxed{}}{9}=\dfrac{\boxed{}}{9}$

(방법 2) $\dfrac{1}{9}+\dfrac{3}{9}+\dfrac{4}{9}=\dfrac{\boxed{}+\boxed{}+\boxed{}}{9}=\dfrac{\boxed{}}{9}$

(2) (방법 1) $\dfrac{3}{17}+\dfrac{5}{17}+\dfrac{7}{17}=\dfrac{\boxed{}}{17}+\dfrac{\boxed{}}{17}=\dfrac{\boxed{}}{17}$

(방법 2) $\dfrac{3}{17}+\dfrac{5}{17}+\dfrac{7}{17}=\dfrac{\boxed{}+\boxed{}+\boxed{}}{17}=\dfrac{\boxed{}}{17}$

7 같은 분수끼리 선을 그어 연결하시오.

$\dfrac{1}{8} + \dfrac{3}{8}$ •

$\dfrac{4}{8} + \dfrac{2}{8}$ •

$\dfrac{6}{14} + \dfrac{3}{14}$ •

$\dfrac{3}{14} + \dfrac{7}{14}$ •

• $\dfrac{2}{14} + \dfrac{3}{14} + \dfrac{5}{14}$

• $\dfrac{4}{14} + \dfrac{5}{14}$

• $\dfrac{2}{8} + \dfrac{2}{8}$

• $\dfrac{1}{8} + \dfrac{2}{8} + \dfrac{3}{8}$

8 ☐ 안에 알맞은 수를 써넣으시오.

(1) $\dfrac{7}{8} = \dfrac{2}{8} + \dfrac{\boxed{}}{8}$

(2) $\dfrac{7}{10} = \dfrac{\boxed{}}{10} + \dfrac{5}{10}$

(3) $\dfrac{8}{13} = \dfrac{5}{13} + \dfrac{\boxed{}}{\boxed{}}$

(4) $\dfrac{9}{15} = \dfrac{2}{15} + \dfrac{3}{15} + \dfrac{\boxed{}}{\boxed{}}$

9 다음 덧셈의 결과는 진분수입니다. ☐ 안에 들어갈 수 있는 자연수는 모두 몇 개입니까?

$$\dfrac{2}{11} + \dfrac{\boxed{}}{11}$$

(   )

10 다음을 계산하시오.

(1) $\dfrac{2}{7} + \dfrac{3}{7}$

(2) $\dfrac{5}{15} + \dfrac{4}{15}$

(3) $\dfrac{3}{21} + \dfrac{7}{21} + \dfrac{9}{21}$

(4) $\dfrac{7}{33} + \dfrac{9}{33} + \dfrac{13}{33}$

정답/풀이 → 3쪽

서술형

11 □ 안에 들어갈 수 있는 자연수는 모두 몇 개인지 구하시오.

$$\frac{3}{8} + \frac{\square}{8} < 1$$

정답 ○ _____ 개

풀이 과정 ○ _____

_____

서술형

12 토마토 $\frac{3}{8}$개로 주스를 만들고, 토마토 $\frac{4}{8}$개로 케첩을 만들었습니다. 주스와 케첩을 만드는데 사용한 토마토는 모두 몇 개인지 구하시오.

정답 ○ _____ 개

풀이 과정 ○ _____

_____

서술형

13 저녁에 가족들과 피자를 먹었습니다. 아빠와 엄마는 각각 피자 1판의 $\frac{3}{12}$씩 먹었고, 나는 피자 1판의 $\frac{2}{12}$를 먹었습니다. 가족들이 모두 먹은 피자는 피자 1판의 얼마인지 구하시오.

정답 ○ _____

풀이 과정 ○ _____

_____

 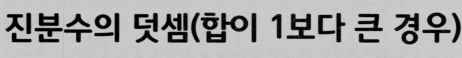

진분수의 덧셈(합이 1보다 큰 경우)

1 그림을 이용한 (진분수)+(진분수)의 계산

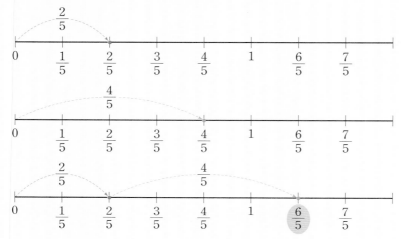

$$\dfrac{2}{4} \quad + \quad \dfrac{3}{4} \quad = \quad 1\dfrac{1}{4}$$

➡ $\dfrac{2}{4}+\dfrac{3}{4}=\dfrac{2+3}{4}=\dfrac{5}{4}=\dfrac{4}{4}+\dfrac{1}{4}=1+\dfrac{1}{4}=1\dfrac{1}{4}$

2 수직선을 이용한 (진분수)+(진분수)의 계산

$$\overset{\dfrac{2}{5}}{\frown}$$

0 　 $\dfrac{1}{5}$ 　 $\dfrac{2}{5}$ 　 $\dfrac{3}{5}$ 　 $\dfrac{4}{5}$ 　 1 　 $\dfrac{6}{5}$ 　 $\dfrac{7}{5}$

$$\overset{\dfrac{4}{5}}{\frown}$$

0 　 $\dfrac{1}{5}$ 　 $\dfrac{2}{5}$ 　 $\dfrac{3}{5}$ 　 $\dfrac{4}{5}$ 　 1 　 $\dfrac{6}{5}$ 　 $\dfrac{7}{5}$

$$\overset{\dfrac{2}{5}}{\frown}\overset{\dfrac{4}{5}}{\frown}$$

0 　 $\dfrac{1}{5}$ 　 $\dfrac{2}{5}$ 　 $\dfrac{3}{5}$ 　 $\dfrac{4}{5}$ 　 1 　 $\dfrac{6}{5}$ 　 $\dfrac{7}{5}$

➡ $\dfrac{2}{5}+\dfrac{4}{5}=\dfrac{2+4}{5}=\dfrac{6}{5}=\dfrac{5}{5}+\dfrac{1}{5}=1+\dfrac{1}{5}=1\dfrac{1}{5}$

➡ $\dfrac{2}{5}$만큼 간 다음 $\dfrac{4}{5}$만큼 더 가면 $\dfrac{6}{5}$이 됩니다.

➡ 5로 똑같이 나눈 것 중 2개와 4개를 더한 것이므로 분모는 그대로 두고 분자끼리만 더하고 계산 결과가 가분수일 경우 대분수로 바꿉니다.

1 분모가 같은 진분수의 덧셈은 분모는 그대로 두고 분자끼리만 더합니다.

2 분모가 같은 진분수의 덧셈에서 분자의 합을 생각하면 편합니다.

$\dfrac{2}{5}+\dfrac{4}{5}=\dfrac{6}{5}$

$\qquad =\dfrac{5}{5}+\dfrac{1}{5}$

$\qquad =1+\dfrac{1}{5}$

$\qquad =1\dfrac{1}{5}$

v $\dfrac{2}{2}=\dfrac{3}{3}=\dfrac{4}{4}=\dfrac{5}{5}$

$\qquad =\cdots$

$\qquad =1$

깊은생각

● 다음 계산에서 ■＋●＝★임을 이용하면 진분수의 합을 좀 더 빨리 계산할 수 있습니다.
즉, 분자의 합이 분모가 되는 두 진분수를 찾아 1을 만드는 방법입니다.

$\dfrac{■}{★}+\dfrac{●}{★}+\dfrac{▲}{★}$	$=$	$\dfrac{■+●}{★}+\dfrac{▲}{★}$	$=$	$\dfrac{★}{★}+\dfrac{▲}{★}$	$=$	$1+\dfrac{▲}{★}$
$\dfrac{2}{5}+\dfrac{3}{5}+\dfrac{4}{5}$	$=$	$\dfrac{2+3}{5}+\dfrac{4}{5}$	$=$	$\dfrac{5}{5}+\dfrac{4}{5}$	$=$	$1+\dfrac{4}{5}$	$=$	$1\dfrac{4}{5}$

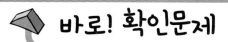
1 오른쪽 그림에 색칠하고, ▢ 안에 알맞은 수를 써넣으시오.

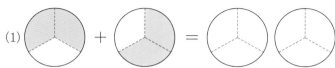

(1) ◯ + ◯ = ◯ ◯　$\dfrac{2}{3} + \dfrac{2}{3} = \dfrac{\boxed{}}{3} = \boxed{}\dfrac{\boxed{}}{3}$

(2) ◯ + ◯ = ◯ ◯　$\dfrac{3}{4} + \dfrac{2}{4} = \dfrac{\boxed{}}{4} = \boxed{}\dfrac{\boxed{}}{4}$

(3) ◯ + ◯ = ◯ ◯　$\dfrac{4}{5} + \dfrac{3}{5} = \dfrac{\boxed{}}{5} = \boxed{}\dfrac{\boxed{}}{5}$

2 수직선을 보고 ▢ 안에 알맞은 수를 써넣으시오.

(1)

$\dfrac{\boxed{}}{7} + \dfrac{\boxed{}}{7} = \dfrac{\boxed{}}{7} = \boxed{}\dfrac{\boxed{}}{7}$

(2)

$\dfrac{\boxed{}}{7} + \dfrac{\boxed{}}{7} = \dfrac{\boxed{}}{7} = \boxed{}\dfrac{\boxed{}}{7}$

3 ▢ 안에 알맞은 수를 써넣으시오.

(1) $\dfrac{2}{5} + \dfrac{4}{5} = \dfrac{\boxed{} + \boxed{}}{5}$

(2) $\dfrac{3}{6} + \dfrac{5}{6} = \dfrac{\boxed{} + \boxed{}}{6} = \dfrac{\boxed{}}{6}$

(3) $\dfrac{4}{7} + \dfrac{6}{7} = \dfrac{\boxed{} + \boxed{}}{7} = \dfrac{\boxed{}}{7} = \boxed{}\dfrac{\boxed{}}{7}$

1 오른쪽 그림에 색칠하고, ☐ 안에 알맞은 수를 써넣으시오.

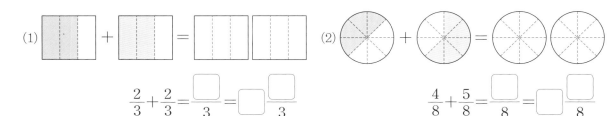

(1) $\dfrac{2}{3} + \dfrac{2}{3} = \dfrac{\boxed{}}{3} = \boxed{}\dfrac{\boxed{}}{3}$

(2) $\dfrac{4}{8} + \dfrac{5}{8} = \dfrac{\boxed{}}{8} = \boxed{}\dfrac{\boxed{}}{8}$

2 그림을 보고 ☐ 안에 알맞은 수를 써넣으시오.

(1) $\dfrac{\boxed{}}{4} + \dfrac{\boxed{}}{4} = \dfrac{\boxed{}}{4} = \boxed{}\dfrac{\boxed{}}{4}$

(2) $\dfrac{\boxed{}}{6} + \dfrac{\boxed{}}{6} = \dfrac{\boxed{}}{6} = \boxed{}\dfrac{\boxed{}}{6}$

3 주어진 분수만큼 색칠하고, ☐ 안에 알맞은 수를 써넣으시오.

$\dfrac{5}{8} + \dfrac{7}{8} = \dfrac{\boxed{}}{8} = \boxed{}\dfrac{\boxed{}}{8}$

정답/풀이 ➡ 5쪽

4 수직선을 이용하여 $\dfrac{6}{10} + \dfrac{7}{10}$ 을 계산하려고 합니다. 세 번째 수직선에 $\dfrac{6}{10} + \dfrac{7}{10}$ 만큼을 표시하고,

◻ 안에 알맞은 수를 써넣으시오.

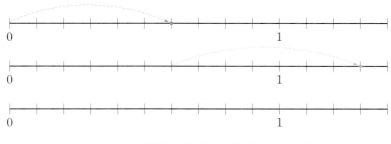

$$\dfrac{6}{10} + \dfrac{7}{10} = \dfrac{\boxed{} + \boxed{}}{10} = \dfrac{\boxed{}}{10} = \boxed{} \dfrac{\boxed{}}{10}$$

5 수직선을 보고 ◻ 안에 알맞은 수를 써넣으시오.

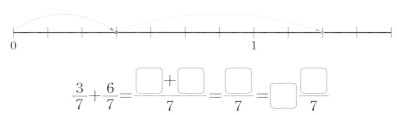

$$\dfrac{3}{7} + \dfrac{6}{7} = \dfrac{\boxed{} + \boxed{}}{7} = \dfrac{\boxed{}}{7} = \boxed{} \dfrac{\boxed{}}{7}$$

6 다음을 계산하시오.

(1) $\dfrac{1}{3} + \dfrac{2}{3}$

(2) $\dfrac{2}{5} + \dfrac{4}{5}$

(3) $\dfrac{3}{7} + \dfrac{6}{7}$

(4) $\dfrac{5}{9} + \dfrac{8}{9}$

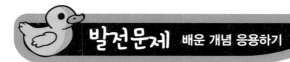

1 오른쪽 그림에 색칠하고, ⬚ 안에 알맞은 수를 써넣으시오.

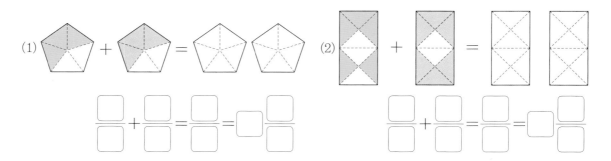

(1) $\dfrac{\square}{\square} + \dfrac{\square}{\square} = \dfrac{\square}{\square} = \square\dfrac{\square}{\square}$

(2) $\dfrac{\square}{\square} + \dfrac{\square}{\square} = \dfrac{\square}{\square} = \square\dfrac{\square}{\square}$

2 수직선을 보고 ⬚ 안에 알맞은 수를 써넣으시오.

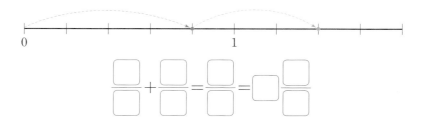

$\dfrac{\square}{\square} + \dfrac{\square}{\square} = \dfrac{\square}{\square} = \square\dfrac{\square}{\square}$

3 다음 예시를 이용하여 ⬚ 안에 알맞은 수를 써넣으시오.

$$\frac{\blacksquare}{\bigstar} + \frac{\bullet}{\bigstar} = \frac{\blacksquare + \bullet}{\bigstar}$$

(1) $\dfrac{3}{5} + \dfrac{4}{5} = \dfrac{\square + \square}{5} = \dfrac{\square}{5} = \square\dfrac{\square}{\square}$

(2) $\dfrac{4}{7} + \dfrac{5}{7} = \dfrac{\square + \square}{7} = \dfrac{\square}{7} = \square\dfrac{\square}{\square}$

(3) $\dfrac{6}{11} + \dfrac{8}{11} = \dfrac{\square + \square}{11} = \dfrac{\square}{11} = \square\dfrac{\square}{\square}$

(4) $\dfrac{9}{13} + \dfrac{7}{13} = \dfrac{\square + \square}{13} = \dfrac{\square}{13} = \square\dfrac{\square}{\square}$

4 세 수를 골라 합이 1이 되도록 □ 안에 알맞은 수를 써넣으시오.

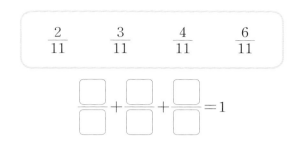

$$\frac{2}{11} \qquad \frac{3}{11} \qquad \frac{4}{11} \qquad \frac{6}{11}$$

$$\frac{\square}{\square} + \frac{\square}{\square} + \frac{\square}{\square} = 1$$

5 다음 예시와 같이 두 분수의 합이 1임을 이용하여 분수의 덧셈을 계산할 수 있습니다.

$$\frac{4}{5} + \frac{2}{5} + \frac{1}{5} = 1 + \frac{2}{5}$$

이 방법을 이용하여 다음을 계산하시오.

(1) $\dfrac{2}{5} + \dfrac{3}{5} + \dfrac{4}{5}$
(2) $\dfrac{1}{6} + \dfrac{3}{6} + \dfrac{5}{6}$

(3) $\dfrac{4}{7} + \dfrac{3}{7} + \dfrac{2}{7}$
(4) $\dfrac{3}{8} + \dfrac{6}{8} + \dfrac{2}{8}$

6 ○ 안에 >, =, < 중에서 알맞은 것을 써넣으시오.

(1) $\dfrac{3}{4} + \dfrac{3}{4}$ ◯ $\dfrac{1}{4} + \dfrac{2}{4} + \dfrac{3}{4}$

(2) $\dfrac{4}{8} + \dfrac{5}{8}$ ◯ $\dfrac{3}{8} + \dfrac{7}{8}$

(3) $\dfrac{7}{13} + \dfrac{9}{13}$ ◯ $1\dfrac{2}{13}$

7 같은 분수끼리 선을 그어 연결하시오.

$\dfrac{5}{11} + \dfrac{8}{11}$ ·   · $1\dfrac{2}{19}$

$\dfrac{4}{11} + \dfrac{7}{11}$ ·   · $1\dfrac{5}{19}$

$\dfrac{12}{19} + \dfrac{9}{19}$ ·   · 1

$\dfrac{13}{19} + \dfrac{11}{19}$ ·   · $1\dfrac{2}{11}$

8 빈 칸에 알맞은 분수를 써넣으시오.

$+$	$\dfrac{6}{14}$	$\dfrac{9}{14}$
$\dfrac{8}{14}$		
$\dfrac{10}{14}$		

9 다음을 계산하시오.

(1) $\dfrac{3}{6} + \dfrac{5}{6}$

(2) $\dfrac{1}{9} + \dfrac{3}{9} + \dfrac{8}{9}$

(3) $\dfrac{2}{12} + \dfrac{4}{12} + \dfrac{6}{12}$

(4) $\dfrac{4}{15} + \dfrac{5}{15} + \dfrac{6}{15} + \dfrac{7}{15}$

10 ☐ 안에 알맞은 수를 써넣으시오.

(1) $\dfrac{\boxed{}}{7} + \dfrac{4}{7} = 1\dfrac{2}{7}$

(2) $\dfrac{7}{11} + \dfrac{\boxed{}}{11} = 1\dfrac{4}{11}$

서술형

11 분모가 7인 서로 다른 두 진분수의 합 중에서 가장 큰 값을 구하시오. (단, 가분수는 자연수 또는 대분수로 바꾸시오.)

정답 ○ _____

풀이 과정 ○ _____

_____

서술형

12 □ 안에 들어갈 수 있는 자연수는 모두 몇 개인지 구하시오.

$$1 < \frac{5}{11} + \frac{\square}{11} < 1\frac{3}{11}$$

정답 ○ _____ 개

풀이 과정 ○ _____

_____

서술형

13 상현이는 3일 동안 쓰레기 줍기 봉사활동을 했습니다. 이틀 전에는 $\frac{4}{15}$ kg을, 어제는 $\frac{7}{15}$ kg을 주웠습니다. 오늘 $\frac{6}{15}$ kg을 주웠다면 상현이가 3일 동안 주운 쓰레기의 양은 모두 몇 kg인지 구하시오. (단, 가분수는 자연수 또는 대분수로 바꾸시오.)

정답 ○ _____ kg

풀이 과정 ○ _____

_____

진분수의 뺄셈

1 그림을 이용한 (진분수)−(진분수)의 계산

$$\frac{3}{4} \quad - \quad \frac{1}{4} \quad = \quad \frac{2}{4}$$

➡ $\frac{3}{4} - \frac{1}{4} = \frac{3-1}{4} = \frac{2}{4}$

➡ 분모가 같은 진분수의 뺄셈은 분모는 그대로 두고 분자끼리만 뺍니다.

2 수직선을 이용한 (진분수)−(진분수)의 계산

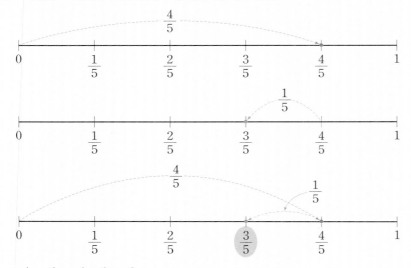

➡ $\frac{4}{5} - \frac{1}{5} = \frac{4-1}{5} = \frac{3}{5}$

➡ $\frac{4}{5}$만큼 간 다음 $\frac{1}{5}$만큼 되돌아오면 $\frac{3}{5}$이 됩니다.

➡ 5로 똑같이 나눈 것 중 4개에서 1개를 뺀 것이므로 분모는 그대로 두고 분자끼리만 뺍니다.

1 $\frac{3}{4}$은 $\frac{1}{4}$이 3개,

$\frac{1}{4}$은 $\frac{1}{4}$이 1개,

$\frac{3}{4} - \frac{1}{4}$은 $\frac{1}{4}$이 2개이므로

$\frac{3}{4} - \frac{1}{4} = \frac{2}{4}$입니다.

2 $\frac{4}{5}$는 $\frac{1}{5}$이 4개,

$\frac{1}{5}$은 $\frac{1}{5}$이 1개,

$\frac{4}{5} - \frac{1}{5}$은 $\frac{1}{5}$이 3개이므로

$\frac{4}{5} - \frac{1}{5} = \frac{3}{5}$이 됩니다.

깊은생각

● 분모가 같은 진분수의 뺄셈은 분모는 그대로 두고 분자끼리만 빼면 됩니다.

$$\frac{5}{6} - \frac{3}{6} = \frac{5-3}{6} = \frac{2}{6} \quad ➡ \quad \frac{\blacksquare}{\bigstar} - \frac{\bullet}{\bigstar} = \frac{\blacksquare - \bullet}{\bigstar}$$

● 분자는 분자끼리, 분모는 분모끼리 빼는 학생들이 있는데 잘못된 계산 방법입니다.

$$\frac{3}{4} - \frac{2}{4} = \frac{3-2}{4-4} = \frac{1}{0}$$

바로! 확인문제

정답/풀이 ➡ 8쪽

1 오른쪽 그림에 색칠하고, ☐ 안에 알맞은 수를 써넣으시오.

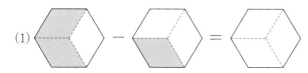

(1) $\dfrac{2}{3} - \dfrac{1}{3} = \dfrac{\boxed{}}{3}$

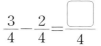

(2) $\dfrac{3}{4} - \dfrac{2}{4} = \dfrac{\boxed{}}{4}$

2 수직선을 보고 ☐ 안에 알맞은 수를 써넣으시오.

(1)

$\dfrac{\boxed{}}{7} - \dfrac{\boxed{}}{7} = \dfrac{\boxed{}}{7}$

(2)

$\dfrac{\boxed{}}{7} - \dfrac{\boxed{}}{7} = \dfrac{\boxed{}}{7}$

3 ☐ 안에 알맞은 수를 써넣으시오.

(1) $\dfrac{3}{5} - \dfrac{1}{5} = \dfrac{\boxed{} - \boxed{}}{5} = \dfrac{\boxed{}}{5}$

(2) $\dfrac{4}{6} - \dfrac{2}{6} = \dfrac{\boxed{} - \boxed{}}{6} = \dfrac{\boxed{}}{6}$

4 옳은 계산은 ○표, 틀린 계산은 ×표 하시오.

$$\dfrac{5}{6} - \dfrac{3}{6} = \dfrac{5-3}{6}$$

(   )

$$\dfrac{5}{6} - \dfrac{3}{6} = \dfrac{5-3}{6-6}$$

(   )

1 오른쪽 그림에 색칠하고, ☐ 안에 알맞은 수를 써넣으시오.

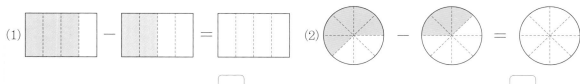

(1) $\dfrac{3}{4} - \dfrac{2}{4} = \dfrac{\boxed{}}{4}$

(2) $\dfrac{5}{8} - \dfrac{3}{8} = \dfrac{\boxed{}}{8}$

2 그림을 보고 ☐ 안에 알맞은 수를 써넣으시오.

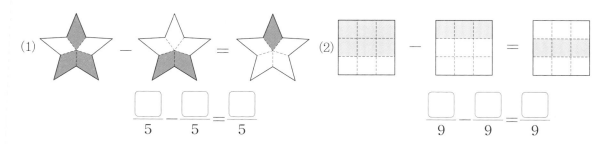

(1) $\dfrac{\boxed{}}{5} - \dfrac{\boxed{}}{5} = \dfrac{\boxed{}}{5}$

(2) $\dfrac{\boxed{}}{9} - \dfrac{\boxed{}}{9} = \dfrac{\boxed{}}{9}$

3 주어진 분수만큼 색칠하고, ☐ 안에 알맞은 수를 써넣으시오.

$\dfrac{10}{12} - \dfrac{4}{12} = \dfrac{\boxed{}}{12}$

4 수직선을 이용하여 $\dfrac{7}{10} - \dfrac{4}{10}$ 를 계산하려고 합니다. 세 번째 수직선에 $\dfrac{7}{10} - \dfrac{4}{10}$ 만큼을 표시하고,

안에 알맞은 수를 써넣으시오.

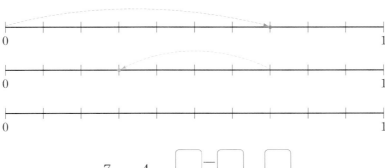

$$\dfrac{7}{10} - \dfrac{4}{10} = \dfrac{\boxed{} - \boxed{}}{10} = \dfrac{\boxed{}}{10}$$

5 수직선을 보고 안에 알맞은 수를 써넣으시오.

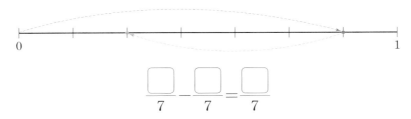

$$\dfrac{\boxed{}}{7} - \dfrac{\boxed{}}{7} = \dfrac{\boxed{}}{7}$$

6 다음을 계산하시오.

(1) $\dfrac{2}{3} - \dfrac{1}{3}$

(2) $\dfrac{4}{5} - \dfrac{2}{5}$

(3) $\dfrac{6}{7} - \dfrac{3}{7}$

(4) $\dfrac{7}{9} - \dfrac{4}{9}$

1 오른쪽 그림에 색칠하고, ☐ 안에 알맞은 수를 써넣으시오.

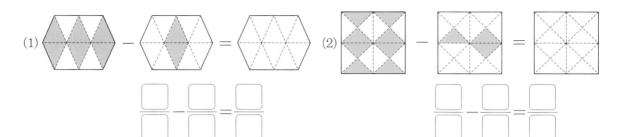

$$\frac{\boxed{}}{\boxed{}} - \frac{\boxed{}}{\boxed{}} = \frac{\boxed{}}{\boxed{}}$$

$$\frac{\boxed{}}{\boxed{}} - \frac{\boxed{}}{\boxed{}} = \frac{\boxed{}}{\boxed{}}$$

2 수직선을 보고 ☐ 안에 알맞은 수를 써넣으시오.

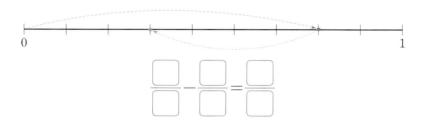

$$\frac{\boxed{}}{\boxed{}} - \frac{\boxed{}}{\boxed{}} = \frac{\boxed{}}{\boxed{}}$$

3 ☐ 안에 알맞은 수를 써넣으시오.

$\dfrac{5}{7}$는 $\dfrac{1}{7}$이 ☐ 개, $\dfrac{3}{7}$은 $\dfrac{1}{7}$이 ☐ 개이므로 $\dfrac{5}{7} - \dfrac{3}{7}$은 $\dfrac{1}{7}$이 ☐ 개입니다.

따라서 $\dfrac{5}{7} - \dfrac{3}{7} = \dfrac{\boxed{}}{7}$입니다.

4 분모가 같은 두 분수의 뺄셈을 할 때의 계산 방법입니다. 맞으면 ○표, 틀리면 ×표 하시오.

(1) $\dfrac{3}{4} - \dfrac{1}{4} = \dfrac{3-1}{4-4} = \dfrac{2}{0}$와 같이 분자는 분자끼리, 분모는 분모끼리 뺍니다. ( )

(2) $\dfrac{3}{4} - \dfrac{1}{4} = \dfrac{3-1}{4} = \dfrac{2}{4}$와 같이 분모는 그대로 두고 분자끼리 뺍니다. ( )

5 다음 예시를 이용하여 ☐ 안에 알맞은 수를 써넣으시오.

(1) $\dfrac{3}{4} - \dfrac{1}{4} = \dfrac{\boxed{} - \boxed{}}{4} = \dfrac{\boxed{}}{4}$

(2) $\dfrac{7}{8} - \dfrac{3}{8} = \dfrac{\boxed{} - \boxed{}}{8} = \dfrac{\boxed{}}{8}$

6 다음 예시와 같은 방법으로 계산할 때, ☐ 안에 알맞은 수를 써넣으시오.

(방법 1) $\dfrac{9}{11} - \dfrac{4}{11} - \dfrac{3}{11} = \dfrac{5}{11} - \dfrac{3}{11} = \dfrac{2}{11}$

(방법 2) $\dfrac{9}{11} - \dfrac{4}{11} - \dfrac{3}{11} = \dfrac{9-4-3}{11} = \dfrac{2}{11}$

(1) (방법 1) $\dfrac{8}{9} - \dfrac{2}{9} - \dfrac{3}{9} = \dfrac{\boxed{}}{9} - \dfrac{\boxed{}}{9} = \dfrac{\boxed{}}{9}$

(방법 2) $\dfrac{8}{9} - \dfrac{2}{9} - \dfrac{3}{9} = \dfrac{\boxed{} - \boxed{} - \boxed{}}{9} = \dfrac{\boxed{}}{9}$

(2) (방법 1) $\dfrac{14}{15} - \dfrac{6}{15} - \dfrac{4}{15} = \dfrac{\boxed{}}{15} - \dfrac{\boxed{}}{15} = \dfrac{\boxed{}}{15}$

(방법 2) $\dfrac{14}{15} - \dfrac{6}{15} - \dfrac{4}{15} = \dfrac{\boxed{} - \boxed{} - \boxed{}}{15} = \dfrac{\boxed{}}{15}$

7 빈 칸에 알맞은 분수를 써넣으시오.

1	
$\dfrac{2}{5}$	$\dfrac{3}{5}$
$\dfrac{7}{12}$	
$\dfrac{1}{7}$	$\dfrac{3}{7}$

8   같은 분수끼리 선을 그어 연결하시오.

$\dfrac{7}{8} - \dfrac{4}{8}$ •

$\dfrac{5}{8} - \dfrac{1}{8}$ •

$\dfrac{11}{14} - \dfrac{8}{14}$ •

$\dfrac{9}{14} - \dfrac{5}{14}$ •

• $\dfrac{13}{14} - \dfrac{5}{14} - \dfrac{4}{14}$

• $\dfrac{4}{14} - \dfrac{1}{14}$

• $\dfrac{5}{8} - \dfrac{2}{8}$

• $\dfrac{7}{8} - \dfrac{1}{8} - \dfrac{2}{8}$

9   다음을 계산하시오.

(1) $\dfrac{6}{7} - \dfrac{2}{7}$

(2) $\dfrac{11}{12} - \dfrac{5}{12}$

(3) $\dfrac{15}{17} - \dfrac{7}{17} - \dfrac{4}{17}$

(4) $\dfrac{14}{23} - \dfrac{8}{23} - \dfrac{3}{23}$

10   ☐ 안에 알맞은 수를 써넣으시오.

(1) $\dfrac{2}{9} = \dfrac{7}{9} - \dfrac{\square}{9}$

(2) $\dfrac{4}{11} = \dfrac{\square}{11} - \dfrac{5}{11}$

(3) $\dfrac{2}{13} = \dfrac{5}{13} - \dfrac{\square}{\square}$

(4) $\dfrac{5}{15} = \dfrac{4}{15} + \dfrac{8}{15} - \dfrac{\square}{\square}$

11   물음에 답하시오.

(1) $\dfrac{5}{7}$ 보다 $\dfrac{2}{7}$ 만큼 작은 수를 구하시오.   (   )

(2) $\dfrac{3}{9}$ 과 $\dfrac{7}{9}$ 의 차를 구하시오.   (   )

(3) 상현이는 음료수 $\dfrac{4}{9}$ L 중에서 $\dfrac{2}{9}$ L를 마셨습니다. 남은 음료수는 몇 L입니까?   (   ) L

서술형

12 어떤 수에서 $\frac{2}{9}$를 빼야 할 것을 잘못하여 더했더니 $\frac{7}{9}$이 되었습니다. 바르게 계산하면 얼마인지 구하시오.

정답 ○ _____

풀이 과정 ○ _____

_____

서술형

13 조건을 모두 만족하는 두 진분수 중에서 큰 진분수는 무엇인지 구하시오.

- 두 진분수는 분모가 7입니다.
- 두 진분수의 합은 $\frac{5}{7}$이고 차는 $\frac{1}{7}$입니다.

정답 ○ _____

풀이 과정 ○ _____

_____

서술형

14 밀가루 $\frac{7}{8}$ kg 중에서 딸기케이크를 만드는데 $\frac{3}{8}$ kg을, 초코케이크를 만드는데 $\frac{2}{8}$ kg을 사용했습니다. 사용하고 남은 밀가루는 모두 몇 kg인지 구하시오.

정답 ○ _____ kg

풀이 과정 ○ _____

_____

자연수와 진분수의 덧셈 · 뺄셈

1 (자연수)＋(진분수)의 계산

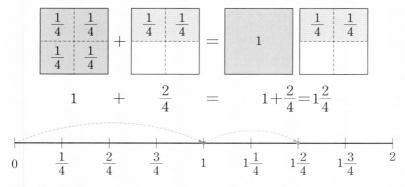

$$1 \quad + \quad \frac{2}{4} \quad = \quad 1+\frac{2}{4}=1\frac{2}{4}$$

➡ $1+\dfrac{2}{4}=1\dfrac{2}{4}$

➡ 1만큼 간 다음 $\dfrac{2}{4}$만큼 더 가면 $1\dfrac{2}{4}$가 됩니다.

2 (자연수)－(진분수)의 계산

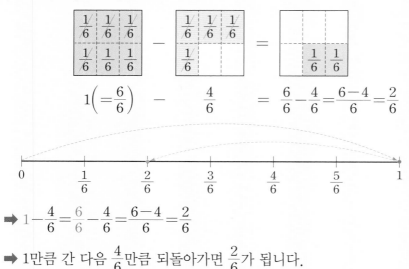

$$1\left(=\frac{6}{6}\right) \quad - \quad \frac{4}{6} \quad = \quad \frac{6}{6}-\frac{4}{6}=\frac{6-4}{6}=\frac{2}{6}$$

➡ $1-\dfrac{4}{6}=\dfrac{6}{6}-\dfrac{4}{6}=\dfrac{6-4}{6}=\dfrac{2}{6}$

➡ 1만큼 간 다음 $\dfrac{4}{6}$만큼 되돌아가면 $\dfrac{2}{6}$가 됩니다.

1 '(자연수)＋(진분수)'는 '대분수'를 의미합니다. 즉, 자연수와 진분수의 덧셈은 덧셈 기호 '＋'를 생략하면 됩니다.

2 (자연수)－(진분수)꼴의 계산은 자연수를 진분수의 분모와 같은 가분수로 바꾸어 계산합니다.

$$2-\frac{1}{3}=\frac{6}{3}-\frac{1}{3}$$
$$=\frac{6-1}{3}=\frac{5}{3}$$
$$=\frac{3}{3}+\frac{2}{3}=1+\frac{2}{3}$$
$$=1\frac{2}{3}$$

v $\dfrac{2}{2}=\dfrac{3}{3}=\dfrac{\blacksquare}{\blacksquare}=\dfrac{\bullet}{\bullet}$ 처럼 분모와 분자가 같은 가분수를 자연수 1이라고 합니다.

깊은생각

● (자연수)－(진분수)를 계산할 때 자연수를 필요한 만큼만 가분수로 바꾸면 계산이 편합니다.
진분수는 1보다 작으므로 (방법 2)처럼 자연수 1만큼만 가분수로 바꾸면 됩니다.

(방법 1) $3-\dfrac{3}{4}$ $=$ $\dfrac{12}{4}-\dfrac{3}{4}$ $=$ $\dfrac{9}{4}$ $=$ $\dfrac{8}{4}+\dfrac{1}{4}$ $=$ $2+\dfrac{1}{4}$ $=$ $2\dfrac{1}{4}$

(방법 2) $3-\dfrac{3}{4}$ $=$ $2+1-\dfrac{3}{4}$ $=$ $2+\dfrac{4}{4}-\dfrac{3}{4}$ $=$ $2+\dfrac{1}{4}$ $=$ $2\dfrac{1}{4}$

바로! 확인문제

정답/풀이 → 11쪽

1 그림을 보고 ☐ 안에 알맞은 수를 써넣으시오.

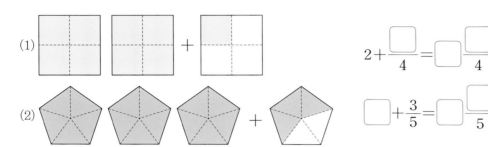

(1) $2 + \dfrac{\boxed{}}{4} = \boxed{}\dfrac{\boxed{}}{4}$

(2) $\boxed{} + \dfrac{3}{5} = \boxed{}\dfrac{\boxed{}}{5}$

2 그림을 보고 ☐ 안에 알맞은 수를 써넣으시오.

(1) $1 - \dfrac{1}{6} = \dfrac{\boxed{}}{6}$

(2) $1 - \dfrac{2}{7} = \dfrac{\boxed{}}{7}$

3 자연수를 가분수로 바꾸어 계산하려고 합니다. ☐ 안에 알맞은 수를 써넣으시오.

(1) $2 - \dfrac{2}{3} = \dfrac{\boxed{}}{3} - \dfrac{2}{3} = \dfrac{\boxed{}}{3}$

(2) $3 - \dfrac{4}{5} = \dfrac{\boxed{}}{5} - \dfrac{4}{5} = \dfrac{\boxed{}}{5}$

4 자연수 1만큼을 가분수로 바꾸어 계산하려고 합니다. ☐ 안에 알맞은 수를 써넣으시오.

(1) $3 - \dfrac{1}{3} = \left(2 + \boxed{}\right) - \dfrac{1}{3} = 2 + \left(\boxed{} - \dfrac{1}{3}\right) = 2\dfrac{\boxed{}}{3}$

(2) $4 - \dfrac{2}{5} = \left(3 + \boxed{}\right) - \dfrac{2}{5} = 3 + \left(\boxed{} - \dfrac{2}{5}\right) = 3\dfrac{\boxed{}}{5}$

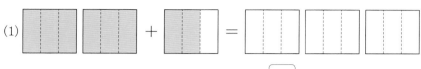

1 오른쪽 그림에 색칠하고, ☐ 안에 알맞은 수를 써넣으시오.

(1) $2 + \dfrac{2}{3} = \boxed{} \dfrac{\boxed{}}{3}$

(2) $3 - \dfrac{3}{5} = \boxed{} \dfrac{\boxed{}}{5}$

2 그림을 보고 ☐ 안에 알맞은 수를 써넣으시오.

(1) $\boxed{} + \dfrac{\boxed{}}{6} = \boxed{} \dfrac{\boxed{}}{6}$

(2) $\boxed{} - \dfrac{\boxed{}}{16} = \boxed{} \dfrac{\boxed{}}{16}$

3 자연수와 진분수의 덧셈, 뺄셈을 수직선에 표시하고, ☐ 안에 알맞은 수를 써넣으시오.

(1) $1 + \dfrac{3}{5} = $ ☐$\dfrac{☐}{☐}$

(2) $1 - \dfrac{3}{5} = \dfrac{☐}{☐}$

4 수직선을 보고 ☐ 안에 알맞은 수를 써넣으시오.

(1)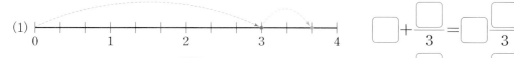

☐ $+ \dfrac{☐}{3} = $ ☐$\dfrac{☐}{3}$

(2)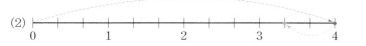

☐ $- \dfrac{☐}{3} = $ ☐$\dfrac{☐}{3}$

5 다음을 계산하시오.

(1) $1 + \dfrac{2}{3}$

(2) $2 + \dfrac{1}{5} + \dfrac{3}{5}$

(3) $3 - \dfrac{1}{4} - \dfrac{2}{4}$

(4) $4 - \dfrac{3}{5} + \dfrac{2}{5}$

1 오른쪽 그림에 색칠하고, ◯ 안에 알맞은 수를 써넣으시오.

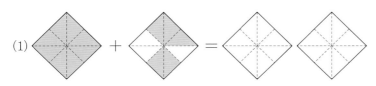

(1)

$$\boxed{} + \frac{\boxed{}}{\boxed{}} = \boxed{}\frac{\boxed{}}{\boxed{}}$$

(2)

$$\boxed{} - \frac{\boxed{}}{\boxed{}} = \boxed{}\frac{\boxed{}}{\boxed{}}$$

2 수직선을 보고 ◯ 안에 알맞은 수를 써넣으시오.

(1)

$$\boxed{} + \frac{\boxed{}}{\boxed{}} = \boxed{}\frac{\boxed{}}{\boxed{}}$$

(2)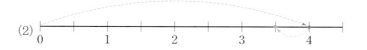

$$\boxed{} - \frac{\boxed{}}{\boxed{}} = \boxed{}\frac{\boxed{}}{\boxed{}}$$

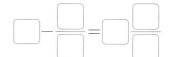

3 ◯ 안에 알맞은 수를 써넣으시오.

2는 $\frac{1}{7}$이 $\boxed{}$개, $\frac{3}{7}$은 $\frac{1}{7}$이 $\boxed{}$개이므로 $2-\frac{3}{7}$은 $\frac{1}{7}$이 $\boxed{}$개입니다.

따라서 $2-\frac{3}{7}=\boxed{}\frac{\boxed{}}{7}$입니다.

4 ☐ 안에 알맞은 수를 써넣으시오.

(1) $2 + \dfrac{\boxed{}}{\boxed{}} = 2\dfrac{3}{4}$

(2) $1 - \dfrac{\boxed{}}{\boxed{}} = \dfrac{5}{7}$

(3) $\dfrac{3}{4} + \dfrac{\boxed{}}{4} = 1 + \dfrac{1}{4}$

(4) $\dfrac{\boxed{}}{9} + \dfrac{4}{9} = 1 - \dfrac{3}{9}$

5 다음 예시를 이용하여 ☐ 안에 알맞은 수를 써넣으시오.

$$\blacksquare - \dfrac{\bullet}{\bigstar} = (\blacksquare - 1) + \left(\dfrac{\bigstar}{\bigstar} - \dfrac{\bullet}{\bigstar} \right)$$

예 $3 - \dfrac{1}{4} = 2 + \left(1 - \dfrac{1}{4} \right) = 2 + \left(\dfrac{4}{4} - \dfrac{1}{4} \right) = 2\dfrac{3}{4}$

(1) $2 - \dfrac{1}{3} = \boxed{} + \left(\boxed{} - \dfrac{1}{3} \right) = \boxed{} + \dfrac{\boxed{}}{3} = \boxed{}\dfrac{\boxed{}}{3}$

(2) $3 - \dfrac{2}{7} = \boxed{} + \left(\boxed{} - \dfrac{2}{7} \right) = \boxed{} + \dfrac{\boxed{}}{7} = \boxed{}\dfrac{\boxed{}}{7}$

(3) $5 - \dfrac{4}{9} = \boxed{} + \left(\boxed{} - \dfrac{4}{9} \right) = \boxed{} + \dfrac{\boxed{}}{9} = \boxed{}\dfrac{\boxed{}}{9}$

(4) $7 - \dfrac{8}{11} = \boxed{} + \left(\boxed{} - \dfrac{8}{11} \right) = \boxed{} + \dfrac{\boxed{}}{11} = \boxed{}\dfrac{\boxed{}}{11}$

6 ☐ 안에 들어갈 수 있는 분수를 모두 찾아 ○표 하시오.

$$2 - \dfrac{5}{8} < \square < 2 + \dfrac{2}{8}$$

$\left(\quad \dfrac{3}{8} \quad \dfrac{5}{8} \quad \dfrac{7}{8} \quad 1\dfrac{1}{8} \quad 1\dfrac{3}{8} \quad 1\dfrac{5}{8} \quad 1\dfrac{7}{8} \quad 2\dfrac{1}{8} \quad 2\dfrac{3}{8} \quad \right)$

7 다음을 계산하시오.

(1) $2 + \dfrac{1}{3}$

(2) $3 + \dfrac{2}{5} + \dfrac{4}{5}$

(3) $5 - \dfrac{1}{7} - \dfrac{3}{7}$

(4) $7 + \dfrac{3}{9} - \dfrac{4}{9}$

8 물음에 답하시오.

(1) 1보다 $\dfrac{3}{11}$만큼 작은 수를 구하시오. ( )

(2) $\dfrac{1}{7}$이 7개인 수와 $\dfrac{1}{7}$이 3개인 수의 차를 구하시오. ( )

(3) 상현이는 음료수 1 L 중에서 $\dfrac{2}{9}$ L를 마셨습니다. 남은 음료수는 몇 L입니까? ( ) L

9 이등변삼각형 ㄱㄴㄷ의 세 변의 길이의 합이 1cm일 때, 변 ㄴㄷ은 몇 cm입니까?

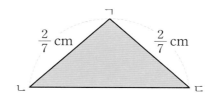

( ) cm

정답/풀이 → 13쪽

서술형

10 가로의 길이가 $1\,cm$, 세로의 길이가 $\dfrac{4}{7}\,cm$인 직사각형이 있습니다. 가로는 세로보다 몇 cm 더 긴지 구하시오.

> **정답** ○ _____ cm
>
> **풀이 과정** ○ _____

서술형

11 길이가 $2\,m$인 종이테이프와 길이가 $1\,m$인 종이테이프를 $\dfrac{2}{7}\,m$만큼 이어 붙였습니다. 이어 붙인 종이테이프의 전체 길이는 몇 m인지 구하시오.

$2\,m$ $\quad$ $1\,m$

$\dfrac{2}{7}\,m$

> **정답** ○ _____ m
>
> **풀이 과정** ○ _____

서술형

12 지난 주 월요일에 서정이의 몸무게는 $35\,kg$이었습니다. 운동을 하지 않은 5일은 몸무게가 그대로였고, 운동을 한 화요일은 $\dfrac{2}{10}\,kg$이 줄고, 목요일은 $\dfrac{3}{10}\,kg$이 줄었습니다. 이번 주 월요일에 서정이의 몸무게는 몇 kg인지 구하시오.

> **정답** ○ _____ kg
>
> **풀이 과정** ○ _____

받아올림이 없는 대분수의 덧셈

DAY 05

1 그림을 이용한 (대분수)+(대분수)의 계산

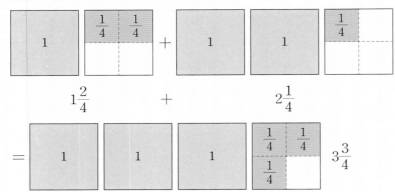

$$1\frac{2}{4} \quad + \quad 2\frac{1}{4}$$

$$= \quad 3\frac{3}{4}$$

2 (자연수)+(대분수)의 계산

자연수와 대분수의 덧셈은 자연수끼리만 더합니다.

$$2+1\frac{3}{4}=(2+1)+\frac{3}{4}=3\frac{3}{4}$$

3 자연수와 진분수로 분리하여 계산하기

$$1\frac{2}{4}+2\frac{1}{4}=\left(1+\frac{2}{4}\right)+\left(2+\frac{1}{4}\right)$$ ← 대분수를 자연수와 진분수로 분리하기

$$=(1+2)+\left(\frac{2}{4}+\frac{1}{4}\right)$$ ← 자연수끼리, 진분수끼리 모으기

$$=3+\frac{3}{4}$$ ← 자연수는 자연수끼리, 진분수는 진분수끼리 계산하기

$$=3\frac{3}{4}$$

➡ 자연수는 자연수끼리, 진분수는 진분수끼리 계산합니다.

---

1 수직선을 이용한 방법으로도 (대분수)+(대분수)의 계산을 할 수 있습니다.

2 $1=\dfrac{\bullet}{\bullet}$, $2=\dfrac{\bullet\times2}{\bullet}$,

$3=\dfrac{\bullet\times3}{\bullet}$, …을 이용합니다.

즉, $1=\dfrac{6}{6}$, $2=\dfrac{6\times2}{6}=\dfrac{12}{6}$,

$3=\dfrac{6\times3}{6}=\dfrac{18}{6}$, …입니다.

계산을 쉽게 하기 위해 자연수를 다음과 표현하는 방법도 있습니다.

$2=\dfrac{12}{6}=1\dfrac{6}{6}$

$3=\dfrac{18}{6}=1\dfrac{12}{6}=2\dfrac{6}{6}$

3 (대분수)=(자연수)+(진분수)임을 이용합니다.

ⅳ 대분수를 가분수로 바꾸어 계산하고, 다시 대분수로 바꾸는 방법도 있습니다.

$1\dfrac{2}{4}+2\dfrac{1}{4}$

$=\left(1+\dfrac{2}{4}\right)+\left(2+\dfrac{1}{4}\right)$

$=\left(\dfrac{4}{4}+\dfrac{2}{4}\right)+\left(\dfrac{8}{4}+\dfrac{1}{4}\right)$

$=\dfrac{6}{4}+\dfrac{9}{4}=\dfrac{15}{4}$

$=\dfrac{12}{4}+\dfrac{3}{4}=3+\dfrac{3}{4}=3\dfrac{3}{4}$

깊은생각

● 자연수나 분수의 덧셈에서는 두 수를 바꾸어 더해도 그 결과는 항상 같습니다.

　• 자연수 : $1+2=2+1$ ➡ $\blacksquare+\bullet=\bullet+\blacksquare$

　• 분수 　: $\dfrac{1}{3}+\dfrac{2}{3}=\dfrac{2}{3}+\dfrac{1}{3}$ ➡ $\dfrac{\blacksquare}{\bigstar}+\dfrac{\bullet}{\bigstar}=\dfrac{\bullet}{\bigstar}+\dfrac{\blacksquare}{\bigstar}$

● 자연수나 분수의 뺄셈에서는 두 수를 바꾸어 더하면 그 결과는 항상 서로 같지 않으므로 자연수나 분수의 뺄셈에서는 순서대로 계산해야 합니다.

　• 자연수 : $1-2\neq2-1$ ➡ $\blacksquare-\bullet\neq\bullet-\blacksquare$

　• 분수 　: $\dfrac{1}{3}-\dfrac{2}{3}\neq\dfrac{2}{3}-\dfrac{1}{3}$ ➡ $\dfrac{\blacksquare}{\bigstar}-\dfrac{\bullet}{\bigstar}\neq\dfrac{\bullet}{\bigstar}-\dfrac{\blacksquare}{\bigstar}$

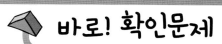
1 그림을 보고 ⬜ 안에 알맞은 수를 써넣으시오.

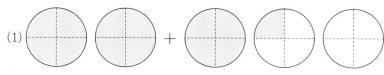

(1) $2 + 1\dfrac{1}{4} = \boxed{}\dfrac{\boxed{}}{\boxed{}}$

(2) $\dfrac{2}{4} + 2\dfrac{1}{4} = \boxed{}\dfrac{\boxed{}}{\boxed{}}$

(3) $1\dfrac{1}{4} + 2\dfrac{2}{4} = \boxed{}\dfrac{\boxed{}}{\boxed{}}$

2 ⬜ 안에 알맞은 수를 써넣으시오.

(1) $1 + 2\dfrac{1}{2} = \left(\boxed{} + \boxed{}\right) + \dfrac{1}{2}$

(2) $\dfrac{1}{3} + 2\dfrac{1}{3} = 2 + \left(\dfrac{\boxed{}}{\boxed{}} + \dfrac{\boxed{}}{\boxed{}}\right)$

(3) $2\dfrac{1}{4} + 3\dfrac{2}{4} = \left(2 + \boxed{}\right) + \left(\dfrac{1}{4} + \dfrac{\boxed{}}{\boxed{}}\right)$

3 ⬜ 안에 알맞은 수를 써넣으시오.

(1) $2 + 1\dfrac{1}{2} = \dfrac{\boxed{}}{2} + \dfrac{\boxed{}}{2}$

(2) $1\dfrac{1}{3} + \dfrac{1}{3} = \dfrac{\boxed{}}{3} + \dfrac{\boxed{}}{3}$

(3) $1\dfrac{2}{4} + 2\dfrac{1}{4} = \dfrac{\boxed{}}{4} + \dfrac{\boxed{}}{4}$

1 오른쪽 그림에 색칠하고, ☐ 안에 알맞은 수를 써넣으시오.

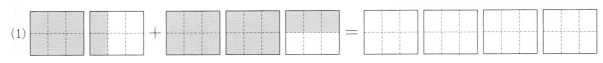

(1) $1\dfrac{2}{6} + 2\dfrac{3}{6} = \boxed{}\dfrac{\boxed{}}{6}$

(2) $2\dfrac{2}{5} + 1\dfrac{1}{5} = \boxed{}\dfrac{\boxed{}}{5}$

2 그림을 보고 ☐ 안에 알맞은 수를 써넣으시오.

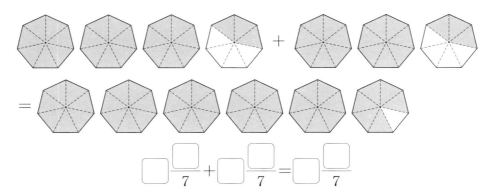

$\boxed{}\dfrac{\boxed{}}{7} + \boxed{}\dfrac{\boxed{}}{7} = \boxed{}\dfrac{\boxed{}}{7}$

3 주어진 분수만큼 색칠하고, ☐ 안에 알맞은 수를 써넣으시오.

$2\dfrac{6}{10} + 1\dfrac{3}{10} = \boxed{}\dfrac{\boxed{}}{10}$

4 수직선을 보고 ☐ 안에 알맞은 수를 써넣으시오.

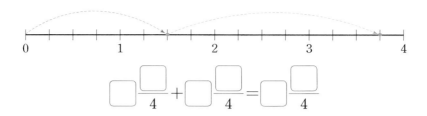

$$\boxed{}\frac{\boxed{}}{4}+\boxed{}\frac{\boxed{}}{4}=\boxed{}\frac{\boxed{}}{4}$$

5 ☐ 안에 알맞은 수를 써넣으시오.

$1\frac{2}{5}$ 를 가분수로 고치면 $\dfrac{\boxed{}}{5}$ 입니다.

$1\dfrac{2}{5}+\dfrac{1}{5}=\dfrac{\boxed{}}{5}+\dfrac{1}{5}=\dfrac{\boxed{}}{5}=\boxed{}\dfrac{\boxed{}}{5}$ 입니다.

6 다음을 계산하시오.

(1) $2+3\dfrac{2}{4}$

(2) $2\dfrac{1}{5}+\dfrac{3}{5}$

(3) $\dfrac{2}{7}+4\dfrac{3}{7}$

(4) $\dfrac{4}{9}+1\dfrac{3}{9}$

7 다음을 계산하시오.

(1) $2+4\dfrac{3}{5}$

(2) $3\dfrac{4}{7}+2\dfrac{1}{7}$

(3) $\dfrac{12}{9}+\dfrac{19}{9}$

(4) $\dfrac{24}{11}+\dfrac{29}{11}$

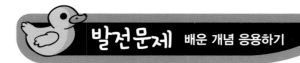
1 오른쪽 그림에 색칠하고, ☐ 안에 알맞은 수를 써넣으시오.

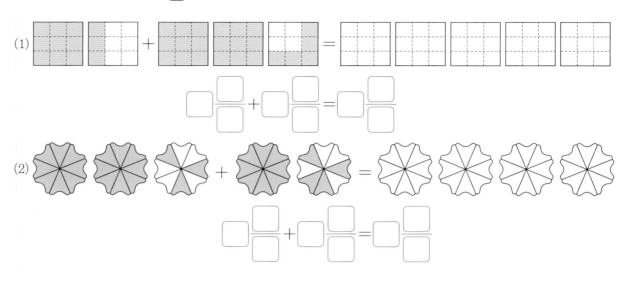

(1)

$$\boxed{}\dfrac{\boxed{}}{\boxed{}}+\boxed{}\dfrac{\boxed{}}{\boxed{}}=\boxed{}\dfrac{\boxed{}}{\boxed{}}$$

(2)

$$\boxed{}\dfrac{\boxed{}}{\boxed{}}+\boxed{}\dfrac{\boxed{}}{\boxed{}}=\boxed{}\dfrac{\boxed{}}{\boxed{}}$$

2 수직선을 보고 ☐ 안에 알맞은 수를 써넣으시오.

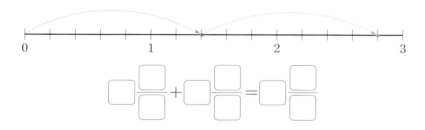

$$\boxed{}\dfrac{\boxed{}}{\boxed{}}+\boxed{}\dfrac{\boxed{}}{\boxed{}}=\boxed{}\dfrac{\boxed{}}{\boxed{}}$$

3 대분수를 가분수로 바꾸어 덧셈을 하려고 합니다. ☐ 안에 알맞은 수를 써넣으시오.

(1) $2+1\dfrac{1}{3}=\dfrac{\boxed{}}{3}+\dfrac{\boxed{}}{3}=\dfrac{\boxed{}}{3}=\boxed{}\dfrac{\boxed{}}{3}$

(2) $2\dfrac{1}{5}+3\dfrac{2}{5}=\dfrac{\boxed{}}{5}+\dfrac{\boxed{}}{5}=\dfrac{\boxed{}}{5}=\boxed{}\dfrac{\boxed{}}{5}$

(3) $3\dfrac{3}{7}+4\dfrac{2}{7}=\dfrac{\boxed{}}{7}+\dfrac{\boxed{}}{7}=\dfrac{\boxed{}}{7}=\boxed{}\dfrac{\boxed{}}{7}$

4 자연수는 자연수끼리, 진분수는 진분수끼리 계산하려고 합니다. ☐ 안에 알맞은 수를 써넣으시오.

$$1\frac{3}{5} + 2\frac{1}{5} = (1 + 2) + \left(\frac{3}{5} + \frac{1}{5}\right)$$

(1) $3 + 2\frac{1}{4} = \left(\boxed{} + \boxed{}\right) + \frac{\boxed{}}{\boxed{}} = \boxed{}\frac{\boxed{}}{\boxed{}}$

(2) $1\frac{2}{6} + 3\frac{3}{6} = \left(\boxed{} + \boxed{}\right) + \left(\frac{\boxed{}}{\boxed{}} + \frac{\boxed{}}{\boxed{}}\right) = \boxed{}\frac{\boxed{}}{\boxed{}}$

(3) $2\frac{3}{8} + 4\frac{4}{8} = \left(\boxed{} + \boxed{}\right) + \left(\frac{\boxed{}}{\boxed{}} + \frac{\boxed{}}{\boxed{}}\right) = \boxed{}\frac{\boxed{}}{\boxed{}}$

5 ☐ 안에 알맞은 수를 구하시오.

(1) $\boxed{} + \frac{2}{5} = 2\frac{3}{5}$ (　　　　　)

(2) $\boxed{} + 2\frac{3}{7} = 6\frac{5}{7}$ (　　　　　)

(3) $\boxed{} + 4\frac{7}{11} = 6\frac{9}{11}$ (　　　　　)

6 ◯ 안에 >, =, < 중에서 알맞은 것을 써넣으시오.

(1) $2\frac{1}{5} + 3\frac{3}{5}$ ◯ $4\frac{2}{5} + 1\frac{2}{5}$

(2) $2\frac{1}{7} + \frac{5}{7}$ ◯ $1\frac{5}{7} + 2$

(3) $3\frac{4}{9} + 1\frac{3}{9}$ ◯ $3\frac{4}{9} + \frac{13}{9}$

7 빈 칸에 알맞은 대분수를 써넣으시오.

$+$	$1\frac{2}{7}$	$\frac{18}{7}$
$2\frac{1}{7}$	$3\frac{3}{7}$	
$\frac{22}{7}$		

8 다음을 계산하시오.

(1) $3+4\frac{3}{7}$

(2) $3\frac{2}{9}+6\frac{5}{9}$

(3) $2\frac{3}{11}+3\frac{4}{11}+\frac{14}{11}$

(4) $1\frac{2}{13}+2\frac{3}{13}+3\frac{5}{13}$

9 숫자 카드 5장 중에서 4장을 뽑아 만들 수 있는 분모가 9인 가장 큰 대분수와 가장 작은 대분수의 합을 구하려고 합니다. ☐ 안에 알맞은 수를 써넣으시오.

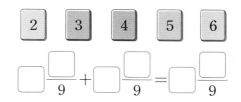

서술형

10 조건을 만족하는 세 쌍의 가분수 중에서 가장 큰 가분수는 무엇인지 구하시오.

> · 분모가 8인 두 가분수의 합이 $2\frac{5}{8}$이다.

정답 ○ _____

풀이 과정 ○ _____

_____

서술형

11 1부터 9까지의 자연수 중에서 □ 안에 들어갈 수 있는 수는 모두 몇 개인지 구하시오.

$$5\frac{3}{10} < 2\frac{2}{10} + 3\frac{\square}{10} < 5\frac{9}{10}$$

정답 ○ _____ 개

풀이 과정 ○ _____

_____

서술형

12 주말에 가족여행을 떠났습니다. 집에서 숙소로 가기 위해 기차를 $2\frac{3}{7}$시간 탔고, 버스를 $1\frac{2}{7}$시간 탔습니다. 버스에서 내려 $\frac{1}{7}$시간을 걸어 숙소에 도착했다면 집에서 숙소까지 가기 위해 걸린 시간은 모두 몇 시간인지 구하시오.

정답 ○ _____ 시간

풀이 과정 ○ _____

_____

받아올림이 있는 대분수의 덧셈

1 그림을 이용한 (대분수)+(대분수)의 계산

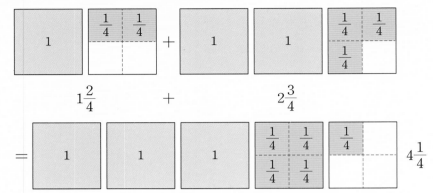

➡ $1\dfrac{2}{4}+2\dfrac{3}{4}=3\dfrac{5}{4}$

➡ $3\dfrac{5}{4}=3+1+\dfrac{1}{4}=4\dfrac{1}{4}$ ← (대분수)=(자연수)+(진분수)

2 자연수와 진분수로 분리하여 계산하기

$1\dfrac{2}{4}+2\dfrac{3}{4}$

$=\left(1+\dfrac{2}{4}\right)+\left(2+\dfrac{3}{4}\right)$ ← 대분수를 자연수와 진분수로 분리하기

$=(1+2)+\left(\dfrac{2}{4}+\dfrac{3}{4}\right)$ ← 자연수끼리, 진분수끼리 모으기

$=3+\dfrac{5}{4}$ ← 자연수는 자연수끼리, 진분수는 진분수끼리 계산하기

$=3+1+\dfrac{1}{4}$ ← 대분수를 자연수와 진분수로 분리하기

$=4\dfrac{1}{4}$

1 $\dfrac{1}{4}$이 4개이면 1입니다. 이 것을 곱셈으로 나타내면 $\dfrac{1}{4}\times 4=1$입니다.

2 대분수를 가분수로 바꾸어 계산하고, 다시 대분수로 바꾸는 방법도 있습니다.

$1\dfrac{2}{4}+2\dfrac{3}{4}$

$=\left(1+\dfrac{2}{4}\right)+\left(2+\dfrac{3}{4}\right)$

$=\left(\dfrac{4}{4}+\dfrac{2}{4}\right)+\left(\dfrac{8}{4}+\dfrac{3}{4}\right)$

$=\dfrac{6}{4}+\dfrac{11}{4}$

$=\dfrac{17}{4}=\dfrac{16}{4}+\dfrac{1}{4}$

$=4+\dfrac{1}{4}=4\dfrac{1}{4}$

v $\dfrac{3}{4}+\dfrac{1}{4}=1$임을 이용하는 방법도 있습니다.

$\dfrac{2}{4}+\dfrac{3}{4}=\left(\dfrac{1}{4}+\dfrac{1}{4}\right)+\dfrac{3}{4}$

$=\dfrac{1}{4}+\left(\dfrac{1}{4}+\dfrac{3}{4}\right)$

$=\dfrac{1}{4}+1$

$=1\dfrac{1}{4}$

🚛 **깊은생각**

● (대분수)=(자연수)+(진분수)이므로 대분수로 나타낼 때 주의해야 합니다.
└── (분자가 분모보다 작은 분수)

$3\dfrac{3}{4}$　　　$3\dfrac{4}{4}$　　　$3\dfrac{5}{4}$

(옳은 표현)　　(틀린 표현)　　(틀린 표현)

진분수는 분자가 분모보다 작은 분수이기 때문입니다.

따라서 $3\dfrac{4}{4}$와 $3\dfrac{5}{4}$는 모두 (자연수)+(가분수)꼴이므로 (자연수)+(진분수)꼴로 바꿔야 합니다.

$3\dfrac{4}{4}$　　➡ $3+1=4$　　　$3\dfrac{5}{4}$　　➡ $3+1+\dfrac{1}{4}=4\dfrac{1}{4}$

바로! 확인문제

1 오른쪽 그림에 색칠하고, ☐ 안에 알맞은 수를 써넣으시오.

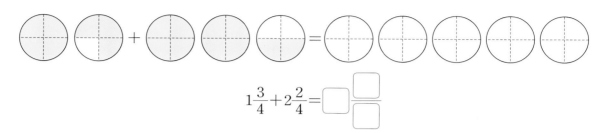

$$1\frac{3}{4}+2\frac{2}{4}=\boxed{}\frac{\boxed{}}{\boxed{}}$$

2 ☐ 안에 알맞은 수를 써넣으시오.

(1) $1\frac{1}{2}+2\frac{1}{2}=\left(\boxed{}+2\right)+\left(\frac{1}{2}+\frac{\boxed{}}{\boxed{}}\right)$

(2) $2\frac{2}{3}+1\frac{2}{3}=\left(2+\boxed{}\right)+\left(\frac{\boxed{}}{\boxed{}}+\frac{2}{3}\right)$

(3) $1\frac{3}{4}+5\frac{2}{4}=\left(\boxed{}+\boxed{}\right)+\left(\frac{\boxed{}}{\boxed{}}+\frac{\boxed{}}{\boxed{}}\right)$

3 자연수는 자연수끼리, 진분수는 진분수끼리 덧셈을 하려고 합니다. ☐ 안에 알맞은 수를 써넣으시오.

$$2\frac{3}{5}+1\frac{4}{5}=\left(\boxed{}+\boxed{}\right)+\left(\frac{\boxed{}}{5}+\frac{\boxed{}}{5}\right)=\boxed{}+\frac{\boxed{}}{5}=\boxed{}+\boxed{}\frac{\boxed{}}{5}=\boxed{}\frac{\boxed{}}{5}$$

4 대분수를 가분수로 바꾸어 덧셈을 하려고 합니다. ☐ 안에 알맞은 수를 써넣으시오.

$$3\frac{2}{4}+2\frac{3}{4}=\frac{\boxed{}}{4}+\frac{\boxed{}}{4}=\frac{\boxed{}+\boxed{}}{4}=\frac{\boxed{}}{4}=\boxed{}\frac{\boxed{}}{4}$$

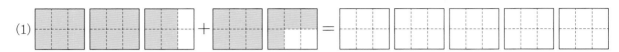

1 오른쪽 그림에 색칠하고, ☐ 안에 알맞은 수를 써넣으시오.

(1) $2\dfrac{4}{6}+1\dfrac{4}{6}=\boxed{}\dfrac{\boxed{}}{6}$

(2) $2\dfrac{4}{5}+1\dfrac{3}{5}=\boxed{}\dfrac{\boxed{}}{5}$

2 그림을 보고 ☐ 안에 알맞은 수를 써넣으시오.

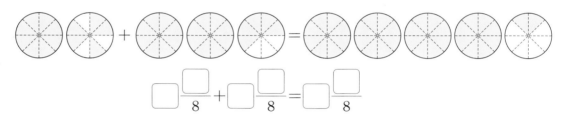

$\boxed{}\dfrac{\boxed{}}{8}+\boxed{}\dfrac{\boxed{}}{8}=\boxed{}\dfrac{\boxed{}}{8}$

3 주어진 분수만큼 색칠하고, ☐ 안에 알맞은 수를 써넣으시오.

$1\dfrac{4}{7}+2\dfrac{5}{7}=\boxed{}\dfrac{\boxed{}}{7}$

4 수직선을 보고 ⬜ 안에 알맞은 수를 써넣으시오.

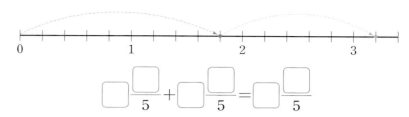

$$\boxed{}\dfrac{\boxed{}}{5}+\boxed{}\dfrac{\boxed{}}{5}=\boxed{}\dfrac{\boxed{}}{5}$$

5 $4\dfrac{2}{7}$와 $2\dfrac{5}{7}$의 합은 $\dfrac{1}{7}$이 모두 몇 개입니까?

(   )개

6 자연수를 대분수의 합으로 나타내려고 합니다. ⬜ 안에 알맞은 수를 써넣으시오.

(1) $4=2\dfrac{3}{5}+\boxed{}\dfrac{\boxed{}}{5}$

(2) $7=\boxed{}\dfrac{1}{7}+2\dfrac{2}{7}+3\dfrac{\boxed{}}{7}$

7 다음을 계산하시오.

(1) $3\dfrac{1}{4}+\dfrac{3}{4}$

(2) $1\dfrac{2}{5}+\dfrac{8}{5}$

(3) $\dfrac{12}{7}+3\dfrac{2}{7}$

(4) $\dfrac{22}{9}+\dfrac{14}{9}$

8 다음을 계산하시오.

(1) $3\dfrac{4}{5}+2\dfrac{3}{5}$

(2) $2\dfrac{4}{7}+3\dfrac{4}{7}$

(3) $\dfrac{13}{9}+\dfrac{24}{9}$

(4) $\dfrac{26}{11}+\dfrac{31}{11}$

1 오른쪽 그림에 색칠하고, ☐ 안에 알맞은 수를 써넣으시오.

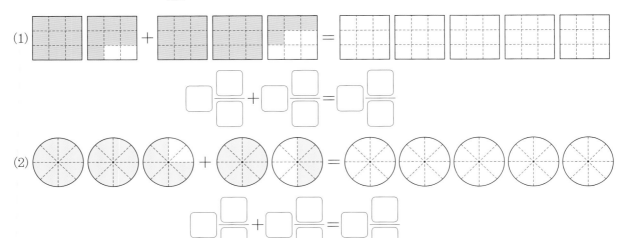

(1)

$$\boxed{}\dfrac{\boxed{}}{\boxed{}}+\boxed{}\dfrac{\boxed{}}{\boxed{}}=\boxed{}\dfrac{\boxed{}}{\boxed{}}$$

(2)

$$\boxed{}\dfrac{\boxed{}}{\boxed{}}+\boxed{}\dfrac{\boxed{}}{\boxed{}}=\boxed{}\dfrac{\boxed{}}{\boxed{}}$$

2 대분수를 가분수로 바꾸어 덧셈을 하려고 합니다. ☐ 안에 알맞은 수를 써넣으시오.

(1) $1\dfrac{2}{5}+\dfrac{4}{5}=\dfrac{\boxed{}}{5}+\dfrac{\boxed{}}{5}=\dfrac{\boxed{}}{5}=\boxed{}\dfrac{\boxed{}}{5}$

(2) $2\dfrac{3}{8}+3\dfrac{5}{8}=\dfrac{\boxed{}}{8}+\dfrac{\boxed{}}{8}=\dfrac{\boxed{}}{8}=\boxed{}$

(3) $3\dfrac{5}{11}+4\dfrac{9}{11}=\dfrac{\boxed{}}{11}+\dfrac{\boxed{}}{11}=\dfrac{\boxed{}}{11}=\boxed{}\dfrac{\boxed{}}{11}$

3 자연수는 자연수끼리, 진분수는 진분수끼리 덧셈을 하려고 합니다. ☐ 안에 알맞은 수를 써넣으시오.

(1) $2\dfrac{3}{5}+\dfrac{3}{5}=\boxed{}+\left(\dfrac{\boxed{}}{\boxed{}}+\dfrac{\boxed{}}{\boxed{}}\right)=\boxed{}\dfrac{\boxed{}}{\boxed{}}$

(2) $1\dfrac{4}{7}+3\dfrac{5}{7}=\left(\boxed{}+\boxed{}\right)=\left(\dfrac{\boxed{}}{\boxed{}}+\dfrac{\boxed{}}{\boxed{}}\right)=\boxed{}\dfrac{\boxed{}}{\boxed{}}$

(3) $2\dfrac{7}{9}+4\dfrac{4}{9}=\left(\boxed{}+\boxed{}\right)=\left(\dfrac{\boxed{}}{\boxed{}}+\dfrac{\boxed{}}{\boxed{}}\right)=\boxed{}\dfrac{\boxed{}}{\boxed{}}$

4 빈 칸에 알맞은 대분수를 써넣으시오.

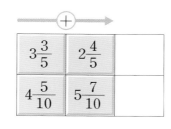

5 가장 큰 수와 가장 작은 수의 합을 구하시오.

$$4\frac{9}{12} \qquad 3\frac{7}{12} \qquad 3\frac{11}{12}$$

(   )

6 ☐ 안에 알맞은 대분수를 구하시오.

(1) $\square - \dfrac{3}{5} = 3\dfrac{2}{5}$ (   )

(2) $\square - 2\dfrac{6}{8} = 1\dfrac{3}{8}$ (   )

(3) $\square - 3\dfrac{9}{11} = 2\dfrac{4}{11}$ (   )

7 ☐ 안에 알맞은 수를 구하시오.

$$2\frac{3}{7} + 3\frac{5}{7} = 2\frac{2}{7} + \square$$

(   )

8 수직선에서 ↑가 나타내는 두 분수의 합을 대분수로 나타내시오.

(   )

9 분모가 9인 가분수 중에서 $\frac{8}{9}$보다 크고 $\frac{12}{9}$보다 작은 모든 분수들의 합을 구하시오.

(   )

10 ◯ 안에 >, =, < 중에서 알맞은 것을 써넣으시오.

(1) $4\frac{4}{5}+1\frac{2}{5}$ ◯ $2\frac{3}{5}+3\frac{4}{5}$

(2) $3+2\frac{2}{7}$ ◯ $1\frac{6}{7}+3\frac{4}{7}$

(3) $1\frac{4}{9}+3\frac{4}{9}$ ◯ $\frac{31}{9}+1\frac{3}{9}$

11 다음을 계산하시오.

(1) $2\frac{5}{6}+4\frac{3}{6}$

(2) $2\frac{5}{8}+3\frac{4}{8}+\frac{35}{8}$

(3) $\frac{14}{10}+\frac{25}{10}+3\frac{6}{10}$

(4) $\frac{20}{12}+\frac{25}{12}+\frac{30}{12}$

정답/풀이 → 22쪽

서술형

12 숫자 카드 4장 중에서 4장을 모두 뽑아 분모가 8인 대분수 2개를 만듭니다. 두 대분수의 합 중에서 가장 큰 값은 무엇인지 구하시오.

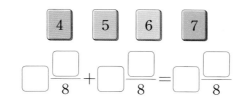

$$\boxed{}\frac{\boxed{}}{8} + \boxed{}\frac{\boxed{}}{8} = \boxed{}\frac{\boxed{}}{8}$$

정답 ○ _____

풀이 과정 ○ _____

_____

서술형

13 ●♡■＝●＋■＋1로 약속할 때, 다음을 계산하시오.

$$2\frac{5}{7} \ \heartsuit \ 3\frac{4}{7}$$

정답 ○ _____

풀이 과정 ○ _____

_____

서술형

14 철사를 사용하여 서정이는 한 변의 길이가 $4\frac{6}{7}$ cm인 정사각형을, 상현이는 가로의 길이가 $3\frac{4}{7}$ cm이고 세로의 길이가 $2\frac{5}{7}$ cm인 직사각형을 만들었습니다. 서정이와 상현이가 사용한 철사의 길이는 모두 몇 cm인지 구하시오.

정답 ○ _____ cm

풀이 과정 ○ _____

_____

받아내림이 없는 대분수의 뺄셈

1 그림과 수직선을 이용한 (대분수)−(대분수)의 계산

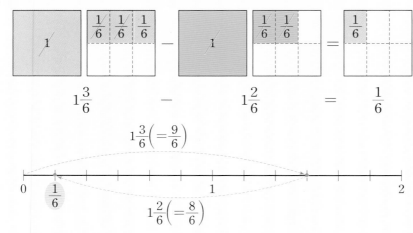

$$1\frac{3}{6} \quad - \quad 1\frac{2}{6} \quad = \quad \frac{1}{6}$$

$$1\frac{3}{6}\left(=\frac{9}{6}\right)$$

$$1\frac{2}{6}\left(=\frac{8}{6}\right)$$

2 (대분수)−(대분수)의 계산

(1) 자연수는 자연수끼리, 진분수는 진분수끼리 계산하는 방법

$$5\frac{4}{5}-2\frac{3}{5}=(5-2)+\left(\frac{4}{5}-\frac{3}{5}\right)=3+\frac{1}{5}=3\frac{1}{5}$$

(2) 가분수로 바꾸어 계산하는 방법

$$5\frac{4}{5}-2\frac{3}{5}=\frac{29}{5}-\frac{13}{5}=\frac{16}{5}=3\frac{1}{5}$$

➡ $5\frac{4}{5}$는 $\frac{1}{5}$이 29개, $2\frac{3}{5}$은 $\frac{1}{5}$이 13개이므로 $5\frac{4}{5}-2\frac{3}{5}$은 $\frac{1}{5}$이 16개입니다.

3 (자연수)−(대분수)의 계산

(1) 자연수를 대분수로 바꾸어 자연수는 자연수끼리, 진분수는 진분수끼리 계산하는 방법

$$4-2\frac{3}{5}=3\frac{5}{5}-2\frac{3}{5}=(3-2)+\left(\frac{5}{5}-\frac{3}{5}\right)=1+\frac{2}{5}=1\frac{2}{5}$$

(2) 가분수로 바꾸어 계산하는 방법

$$4-2\frac{3}{5}=\frac{20}{5}-\frac{13}{5}=\frac{7}{5}=1\frac{2}{5}$$

---

1 $1\frac{3}{6}-1\frac{2}{6}$

$$=\left(1+\frac{3}{6}\right)-\left(1+\frac{2}{6}\right)$$

$$=(1-1)+\left(\frac{3}{6}-\frac{2}{6}\right)$$

$$=0+\frac{1}{6}$$

$$=\frac{1}{6}$$

2 두 대분수의 뺄셈은 (대분수)=(자연수)+(진분수)이므로 자연수는 자연수끼리, 진분수는 진분수끼리 계산합니다.

3 자연수에서 1만큼을 분수로 바꾸어 계산합니다. 이때 $1=\frac{2}{2}=\frac{3}{3}=\frac{4}{4}=\frac{5}{5}=\cdots$ 입니다.

$$4-2\frac{3}{5}=(3+1)-2\frac{3}{5}$$

$$=\left(3+\frac{5}{5}\right)-2\frac{3}{5}$$

(대분수)=(자연수)+(진분수)이므로

$$4-2\frac{3}{5}=3\frac{5}{5}-2\frac{3}{5}$$

에서 $3\frac{5}{5}$는 올바른 표현이 아니지만 계산에서 종종 사용합니다.

깊은생각

● □+3=5에서 □는 어떻게 구할까요? 다음과 같이 등호의 왼쪽과 오른쪽에 똑같이 3을 빼면 됩니다.

$$\square+3-3=5-3 \quad ➡ \quad \square=5-3 \quad ➡ \quad \square=2$$

● $\square+2\frac{3}{6}=3\frac{5}{6}$에서 □는 등호의 왼쪽과 오른쪽에 똑같이 $2\frac{3}{6}$을 빼서 구합니다.

$$\square+2\frac{3}{6}-2\frac{3}{6}=3\frac{5}{6}-2\frac{3}{6} \quad ➡ \quad \square=3\frac{5}{6}-2\frac{3}{6} \quad ➡ \quad \square=(3-2)+\left(\frac{5}{6}-\frac{3}{6}\right)=1\frac{2}{6}$$

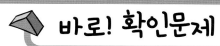

바로! 확인문제

정답/풀이 ➡ 25쪽

1 오른쪽 그림에 색칠하고, ☐ 안에 알맞은 수를 써넣으시오.

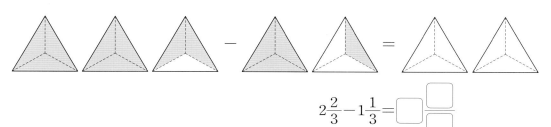

$$2\frac{2}{3} - 1\frac{1}{3} = \boxed{}\frac{\boxed{}}{\boxed{}}$$

2 수직선을 보고 ☐ 안에 알맞은 수를 써넣으시오.

$$2\frac{3}{4} - 1\frac{2}{4} = \boxed{}\frac{\boxed{}}{4}$$

3 ☐ 안에 알맞은 수를 써넣으시오.

(1) $4 - 2\frac{1}{3} = 3\frac{\boxed{}}{3} - 2\frac{1}{3}$

(2) $5 - 3\frac{2}{4} = \boxed{}\frac{4}{4} - 3\frac{2}{4}$

4 자연수는 자연수끼리, 진분수는 진분수끼리 뺄셈을 하려고 합니다. ☐ 안에 알맞은 수를 써넣으시오.

$$3\frac{4}{5} - 1\frac{2}{5} = \left(\boxed{} - \boxed{}\right) + \left(\frac{\boxed{}}{5} - \frac{\boxed{}}{5}\right) = \boxed{}\frac{\boxed{}}{5}$$

5 분수를 가분수로 바꾸어 뺄셈을 하려고 합니다. ☐ 안에 알맞은 수를 써넣으시오.

$$4\frac{3}{4} - 3\frac{2}{4} = \frac{\boxed{}}{4} - \frac{\boxed{}}{4} = \frac{\boxed{} - \boxed{}}{4} = \frac{\boxed{}}{4} = \boxed{}\frac{\boxed{}}{4}$$

1 오른쪽 그림에 색칠하고, ☐ 안에 알맞은 수를 써넣으시오.

(1)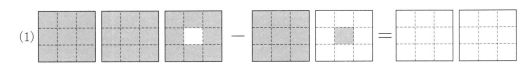

$$2\frac{8}{9} - 1\frac{1}{9} = \boxed{}\frac{\boxed{}}{9}$$

(2)

$$3 - 1\frac{3}{5} = \boxed{}\frac{\boxed{}}{5}$$

2 그림을 보고 ☐ 안에 알맞은 수를 써넣으시오.

(1)

$$\boxed{}\frac{\boxed{}}{4} - \boxed{}\frac{\boxed{}}{4} = \boxed{}\frac{\boxed{}}{4}$$

(2)

$$\boxed{} - \boxed{}\frac{\boxed{}}{6} = \frac{\boxed{}}{6}$$

3 주어진 분수만큼 색칠하고, ☐ 안에 알맞은 수를 써넣으시오.

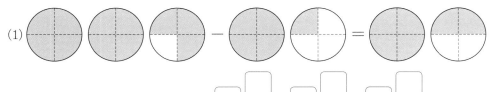

$$3\frac{10}{12} - 2\frac{4}{12} = \boxed{}\frac{\boxed{}}{12}$$

4 수직선을 보고 ☐ 안에 알맞은 수를 써넣으시오.

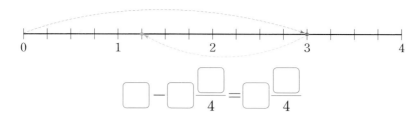

$$\boxed{}-\boxed{}\frac{\boxed{}}{4}=\boxed{}\frac{\boxed{}}{4}$$

5 ☐ 안에 알맞은 수를 써넣으시오.

$3\frac{4}{5}$는 $\frac{1}{5}$이 ☐개, $2\frac{3}{5}$은 $\frac{1}{5}$이 ☐개이므로 $3\frac{4}{5}-2\frac{3}{5}$은 $\frac{1}{5}$이 ☐개입니다.

따라서 $3\frac{4}{5}-2\frac{3}{5}=\dfrac{\boxed{}}{5}=\boxed{}\dfrac{\boxed{}}{5}$입니다.

6 빈 칸에 알맞은 대분수를 써넣으시오.

5	
$1\frac{2}{3}$	$3\frac{1}{3}$
$2\frac{3}{5}$	

$\frac{2}{7}$		$2\frac{3}{7}$

7 다음을 계산하시오.

(1) $3\frac{2}{4}-2\frac{1}{4}$

(2) $4\frac{3}{5}-1\frac{2}{5}$

(3) $5-3\frac{4}{7}$

(4) $6-4\frac{5}{9}$

1 오른쪽 그림에 색칠하고, ☐ 안에 알맞은 수를 써넣으시오.

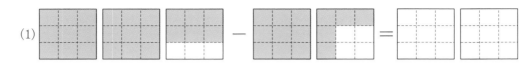

(1)

(2)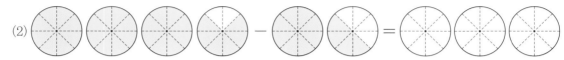

2 수직선을 보고 ☐ 안에 알맞은 수를 써넣으시오.

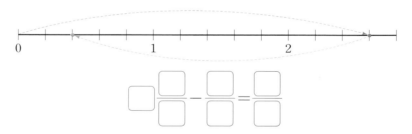

3 다음을 계산하시오.

(1) $3\frac{4}{5} - 3\frac{2}{5}$

(2) $6\frac{4}{7} - 2\frac{4}{7}$

4 $\frac{1}{6}$이 26개인 수와 $2\frac{1}{6}$의 차를 구하시오.

(   )

5 대분수를 가분수로 바꾸어 계산하려고 합니다. ⬜ 안에 알맞은 수를 써넣으시오.

(1) $2\dfrac{3}{4} - 1\dfrac{2}{4} = \dfrac{\boxed{}}{4} - \dfrac{\boxed{}}{4} = \dfrac{\boxed{}}{4} = \boxed{}\dfrac{\boxed{}}{4}$

(2) $4\dfrac{4}{7} - 2\dfrac{1}{7} = \dfrac{\boxed{}}{7} - \dfrac{\boxed{}}{7} = \dfrac{\boxed{}}{7} = \boxed{}\dfrac{\boxed{}}{7}$

(3) $5 - 3\dfrac{4}{5} = \dfrac{\boxed{}}{5} - \dfrac{\boxed{}}{5} = \dfrac{\boxed{}}{5} = \boxed{}\dfrac{\boxed{}}{5}$

(4) $6 - 4\dfrac{7}{9} = \dfrac{\boxed{}}{9} - \dfrac{\boxed{}}{9} = \dfrac{\boxed{}}{9} = \boxed{}\dfrac{\boxed{}}{9}$

6 자연수는 자연수끼리, 진분수는 진분수끼리 계산하려고 합니다. ⬜ 안에 알맞은 수를 써넣으시오.

(1) $3\dfrac{3}{4} - 1\dfrac{2}{4} = \left(\boxed{} - \boxed{}\right) + \left(\dfrac{\boxed{}}{\boxed{}} - \dfrac{\boxed{}}{\boxed{}}\right) = \boxed{}\dfrac{\boxed{}}{\boxed{}}$

(2) $5\dfrac{5}{6} - 2\dfrac{3}{6} = \left(\boxed{} - \boxed{}\right) + \left(\dfrac{\boxed{}}{\boxed{}} - \dfrac{\boxed{}}{\boxed{}}\right) = \boxed{}\dfrac{\boxed{}}{\boxed{}}$

(3) $6\dfrac{7}{8} - 4\dfrac{4}{8} = \left(\boxed{} - \boxed{}\right) + \left(\dfrac{\boxed{}}{\boxed{}} - \dfrac{\boxed{}}{\boxed{}}\right) = \boxed{}\dfrac{\boxed{}}{\boxed{}}$

7 자연수에서 1만큼 분수로 바꾸어 계산하시오.

$$4 - 2\dfrac{3}{4} = 3\dfrac{4}{4} - 2\dfrac{3}{4}$$

(1) $3 - 1\dfrac{3}{6}$

(2) $5 - 3\dfrac{4}{9}$

8 빈 칸에 알맞은 대분수를 써넣으시오.

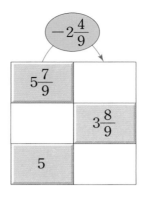

9 다음을 계산하시오.

(1) $2\frac{4}{7} - \frac{10}{7}$

(2) $5\frac{4}{9} - 3\frac{3}{9} + 1\frac{2}{9}$

(3) $6 - 3\frac{8}{11} - \frac{13}{11}$

(4) $7 - \frac{12}{13} + 2\frac{5}{13}$

10 ◯ 안에 >, =, < 중에서 알맞은 것을 써넣으시오.

$$5\frac{7}{9} - 2\frac{4}{9} + \frac{13}{9} \quad \bigcirc \quad 3\frac{2}{9} - \frac{10}{9} + 2\frac{5}{9}$$

11 어떤 수에서 $2\frac{3}{9}$을 빼야 할 것을 잘못하여 더했더니 $5\frac{3}{9}$이 되었습니다. 바르게 계산하면 얼마입니까?

(   )

서술형

12 냉장고에 우유 $2\frac{9}{10}$ L가 있었습니다. 아침에 동생이 $\frac{6}{10}$ L를 마셨고, 내가 $1\frac{2}{10}$ L를 마셨다면 현재 남아 있는 우유의 양은 모두 몇 L인지 구하시오.

정답 ○ _____ L

풀이 과정 ○ _____

_____

서술형

13 그릇에 물 $2\frac{3}{7}$ L가 담겨 있었습니다. 상현이가 $1\frac{2}{7}$ L를 사용하고, 다시 $\frac{13}{7}$ L를 채워 놓았다면 현재 남아 있는 물의 양은 모두 몇 L인지 구하시오.

정답 ○ _____ L

풀이 과정 ○ _____

_____

서술형

14 길이가 $10\frac{3}{5}$ m인 끈과 $9\frac{4}{5}$ m인 끈을 묶은 후 길이를 재었더니 $16\frac{1}{5}$ m였습니다. 두 끈을 묶은 후의 길이는 묶기 전의 길이의 합보다 몇 m 줄었는지 구하시오.

정답 ○ _____ m

풀이 과정 ○ _____

_____

받아내림이 있는 대분수의 뺄셈

1 그림과 수직선을 이용한 (대분수)−(대분수)의 계산

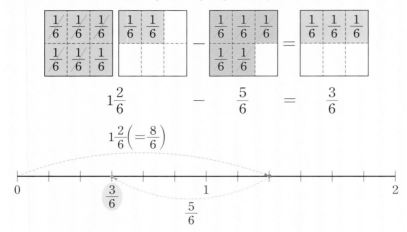

$$1\frac{2}{6} \quad - \quad \frac{5}{6} \quad = \quad \frac{3}{6}$$

1 $1\frac{2}{6}-\frac{5}{6}$에서 $\frac{2}{6}-\frac{5}{6}$와 같이 진분수의 뺄셈이 가능하지 않는 경우는 자연수 1에서 1만큼 받아내림합니다. 이 때 1은 $\frac{6}{6}$입니다.

2 (대분수)−(대분수)의 계산

(방법 1) 대분수로 바꾸어 자연수는 자연수끼리, 진분수는 진분수끼리 계산합니다.

$$5\frac{3}{5}-2\frac{4}{5}=(5-2)+\left(\frac{3}{5}-\frac{4}{5}\right)\leftarrow 3<4$$

➡ $\frac{3}{5}-\frac{4}{5}$와 같이 진분수끼리 뺄 수 없을 때는 자연수 부분에서 1을 받아내림하여 계산합니다.

➡ $5\frac{3}{5}-2\frac{4}{5}=\left(4+1+\frac{3}{5}\right)-2\frac{4}{5}=\left(4+\frac{5}{5}+\frac{3}{5}\right)-2\frac{4}{5}$

$$=\left(4+\frac{8}{5}\right)-2\frac{4}{5}=(4-2)+\left(\frac{8}{5}-\frac{4}{5}\right)=2+\frac{4}{5}$$

(방법 2) 가분수로 바꾸어 계산합니다.

$$5\frac{3}{5}-2\frac{4}{5}=\frac{28}{5}-\frac{14}{5}=\frac{14}{5}=2\frac{4}{5}$$

v '받아내림' 이해하기
22−5의 일의 자리 경우와 같이 항상 빼지는 수가 빼는 수보다 큰 것은 아닙니다. 이런 경우의 뺄셈을 할 때 같은 일의 자리의 수끼리 뺄 수 없으므로 바로 윗자리에서 10을 빌려와서 빼야 합니다. 이것을 받아내림이라고 합니다. 받아내림을 할 때는 바로 윗자리에서 10을 받아내려서 계산하는데, 바로 윗자리에서 값을 빌려왔기 때문에 바로 윗자리의 수는 1만큼 작아집니다.

$$\begin{array}{r} 2\ 2 \\ -\quad 5 \\ \hline \end{array} \Rightarrow \begin{array}{r} {\scriptstyle 1}\ {\scriptstyle 10} \\ \cancel{2}\ 2 \\ -\quad 5 \\ \hline 7 \end{array}$$

$$\Rightarrow \begin{array}{r} {\scriptstyle 1} \\ \cancel{2}\ 2 \\ -\quad 5 \\ \hline 1\ 7 \end{array}$$

🚜 **깊은생각**

● $2\frac{2}{4}-1\frac{3}{4}$의 빠른 계산 ← 진분수의 뺄셈 $\frac{2}{4}-\frac{3}{4}$이 가능하지 않습니다.

$2\frac{2}{4}$의 자연수 부분 2에서 1만큼 받아내림하여 가분수 $\frac{4}{4}$로 바꾼 후 진분수 $\frac{2}{4}$와 더하면 $\frac{6}{4}$이 됩니다.

즉, $2\frac{2}{4}=1+\left(\frac{4}{4}+\frac{2}{4}\right)=1\frac{6}{4}$입니다. ← $1\frac{6}{4}$이 대분수의 정확한 표현은 아니지만 계산을 쉽게 하기 위해 임시로 사용합니다.

$$2\frac{2}{4}-1\frac{3}{4}=1\frac{6}{4}-1\frac{3}{4}=(1-1)+\left(\frac{6}{4}-\frac{3}{4}\right)=0+\frac{3}{4}=\frac{3}{4}$$

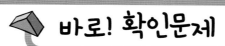
1 오른쪽 그림에 색칠하고, ☐ 안에 알맞은 수를 써넣으시오.

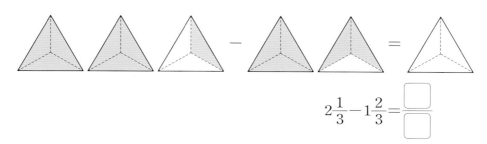

$$2\frac{1}{3} - 1\frac{2}{3} = \frac{\boxed{}}{\boxed{}}$$

2 수직선을 보고 ☐ 안에 알맞은 수를 써넣으시오.

$$3\frac{1}{4} - 1\frac{3}{4} = \boxed{}\frac{\boxed{}}{4}$$

3 대분수의 자연수 부분에서 1을 받아내림하여 분수를 바꾸려고 합니다. ☐ 안에 알맞은 수를 써넣으시오.

(1) $1\frac{2}{3} = \dfrac{\boxed{}+\boxed{}}{3} = \dfrac{\boxed{}}{3}$

(2) $2\frac{3}{4} = \boxed{}\dfrac{\boxed{}+\boxed{}}{4} = \boxed{}\dfrac{\boxed{}}{4}$

4 자연수는 자연수끼리, 진분수는 진분수끼리 뺄셈을 하려고 합니다. ☐ 안에 알맞은 수를 써넣으시오.

$$4\frac{2}{5} - 1\frac{3}{5} = 3\frac{\boxed{}+2}{5} - 1\frac{3}{5} = 3\frac{\boxed{}}{5} - 1\frac{3}{5} = \left(\boxed{} - \boxed{}\right) + \left(\frac{\boxed{}}{5} - \frac{\boxed{}}{5}\right) = \boxed{}\frac{\boxed{}}{5}$$

5 대분수를 가분수로 바꾸어 뺄셈을 하려고 합니다. ☐ 안에 알맞은 수를 써넣으시오.

$$5\frac{1}{4} - 2\frac{3}{4} = \frac{\boxed{}}{4} - \frac{\boxed{}}{4} = \frac{\boxed{} - \boxed{}}{4} = \frac{\boxed{}}{4} = \boxed{}\frac{\boxed{}}{4}$$

1 오른쪽 그림에 색칠하고, ◻ 안에 알맞은 수를 써넣으시오.

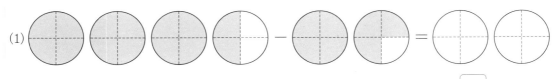

(1)

$$3\frac{2}{4}-1\frac{3}{4}=\boxed{}\frac{\boxed{}}{4}$$

(2)

$$2\frac{3}{9}-1\frac{6}{9}=\frac{\boxed{}}{9}$$

2 그림을 보고 ◻ 안에 알맞은 수를 써넣으시오.

(1)

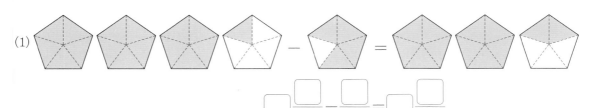

$$\boxed{}\frac{\boxed{}}{5}-\boxed{}\frac{\boxed{}}{5}=\boxed{}\frac{\boxed{}}{5}$$

(2)

$$\boxed{}\frac{\boxed{}}{8}-\boxed{}\frac{\boxed{}}{8}=\boxed{}\frac{\boxed{}}{8}$$

3 주어진 분수만큼 색칠하고, ◻ 안에 알맞은 수를 써넣으시오.

$$3\frac{5}{12}-1\frac{9}{12}=\boxed{}\frac{\boxed{}}{12}$$

4 수직선을 보고 ⬭ 안에 알맞은 수를 써넣으시오.

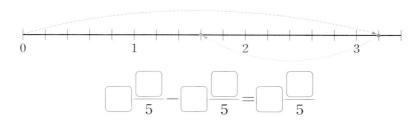

$$\boxed{}\dfrac{\boxed{}}{5}-\boxed{}\dfrac{\boxed{}}{5}=\boxed{}\dfrac{\boxed{}}{5}$$

5 ⬭ 안에 알맞은 수를 써넣으시오.

$3\dfrac{2}{5}$ 는 $\dfrac{1}{5}$ 이 $\boxed{}$ 개, $2\dfrac{4}{5}$ 는 $\dfrac{1}{5}$ 이 $\boxed{}$ 개이므로 $3\dfrac{2}{5}-2\dfrac{4}{5}$ 는 $\dfrac{1}{5}$ 이 $\boxed{}$ 개입니다.

따라서 $3\dfrac{2}{5}-2\dfrac{4}{5}=\dfrac{\boxed{}}{5}$ 입니다.

6 가장 큰 수와 가장 작은 수의 차를 구하시오.

$$7\dfrac{2}{5}\qquad 9\dfrac{1}{5}\qquad 5\dfrac{3}{5}$$

(   )

7 다음을 계산하시오.

(1) $4\dfrac{1}{4}-1\dfrac{3}{4}$

(2) $5\dfrac{3}{5}-2\dfrac{4}{5}$

(3) $4\dfrac{1}{7}-\dfrac{5}{7}$

(4) $5\dfrac{3}{8}-\dfrac{23}{8}$

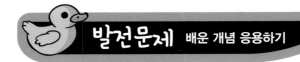

1 오른쪽 그림에 색칠하고, ☐ 안에 알맞은 수를 써넣으시오.

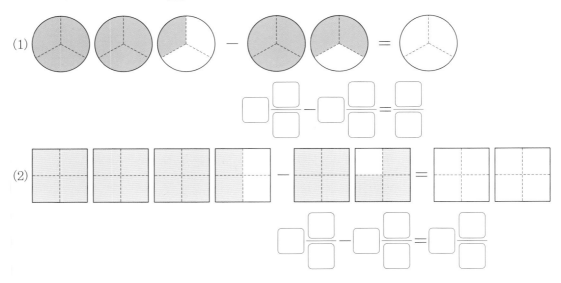

(1)

$$\square\frac{\square}{\square}-\square\frac{\square}{\square}=\frac{\square}{\square}$$

(2)

$$\square\frac{\square}{\square}-\square\frac{\square}{\square}=\square\frac{\square}{\square}$$

2 수직선을 보고 ☐ 안에 알맞은 수를 써넣으시오.

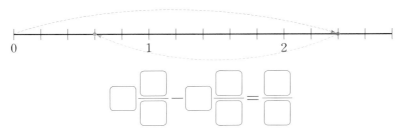

$$\square\frac{\square}{\square}-\square\frac{\square}{\square}=\frac{\square}{\square}$$

3 철수와 영희가 $3\frac{2}{4}-1\frac{3}{4}=2\frac{1}{4}$ 의 계산이 잘못된 이유를 설명하고 있습니다. ☐ 안에 알맞은 수를 써넣으시오.

철수 : $3-1=2$이지만 $\frac{2}{4}$가 $\frac{3}{4}$보다 작으므로

계산 결과는 ☐ 보다 작아야 합니다.

영희 : 뺄셈식을 덧셈식으로 나타내어 계산해 보면

$2\frac{1}{4}+1\frac{3}{4}=$ ☐ 이므로 계산이 잘못되었습니다.

4 대분수를 가분수로 바꾸어 뺄셈을 하려고 합니다. ⬜ 안에 알맞은 수를 써넣으시오.

(1) $3\dfrac{1}{5} - 1\dfrac{4}{5} = \dfrac{\boxed{}}{5} - \dfrac{\boxed{}}{5} = \dfrac{\boxed{}}{5} = \boxed{}\dfrac{\boxed{}}{5}$

(2) $5\dfrac{4}{7} - 2\dfrac{6}{7} = \dfrac{\boxed{}}{7} - \dfrac{\boxed{}}{7} = \dfrac{\boxed{}}{7} = \boxed{}\dfrac{\boxed{}}{7}$

(3) $7\dfrac{2}{9} - \dfrac{7}{9} = \dfrac{\boxed{}}{9} - \dfrac{\boxed{}}{9} = \dfrac{\boxed{}}{9} = \boxed{}\dfrac{\boxed{}}{9}$

(4) $3\dfrac{5}{11} - \dfrac{14}{11} = \dfrac{\boxed{}}{11} - \dfrac{\boxed{}}{11} = \dfrac{\boxed{}}{11} = \boxed{}\dfrac{\boxed{}}{11}$

5 받아내림을 이용하여 자연수는 자연수끼리, 진분수는 진분수끼리 뺄셈을 하려고 합니다. ⬜ 안에 알맞은 수를 써넣으시오.

(1) $3\dfrac{3}{6} - 2\dfrac{5}{6} = \left(2 + \dfrac{\boxed{}}{6}\right) - 2\dfrac{5}{6} = \dfrac{\boxed{}}{\boxed{}}$

(2) $5\dfrac{4}{7} - 3\dfrac{5}{7} = \left(4 + \dfrac{\boxed{}}{7}\right) - 3\dfrac{5}{7} = \boxed{}\dfrac{\boxed{}}{\boxed{}}$

(3) $7\dfrac{2}{9} - \dfrac{30}{9} = \left(6 + \dfrac{\boxed{}}{9}\right) - \dfrac{\boxed{}}{\boxed{}} = \boxed{}\dfrac{\boxed{}}{\boxed{}}$

(4) $4\dfrac{2}{11} - \dfrac{16}{11} = \left(3 + \dfrac{\boxed{}}{11}\right) - \dfrac{\boxed{}}{\boxed{}} = \boxed{}\dfrac{\boxed{}}{\boxed{}}$

6 계산 결과가 2와 가장 가까운 뺄셈식에 ◯표 하시오.

$$4\dfrac{5}{7} - 2\dfrac{3}{7}$$

(   )

$$5\dfrac{2}{7} - 3\dfrac{3}{7}$$

(   )

$$6 - \dfrac{30}{7}$$

(   )

7 빈 칸에 알맞은 대분수를 써넣으시오.

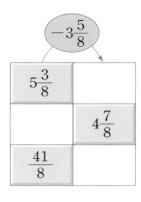

8 다음을 계산하시오.

(1) $3\frac{1}{6} - 1\frac{5}{6}$

(2) $5\frac{2}{9} - \frac{30}{9} + 1\frac{4}{9}$

(3) $7 - \frac{17}{11} - 3\frac{7}{11}$

(4) $8 - 5\frac{9}{13} - \frac{20}{13}$

9 ◯ 안에 >, =, < 중에서 알맞은 것을 써넣으시오.

(1) $5\frac{2}{7} - 1\frac{4}{7}$ ◯ $6\frac{2}{7} - \frac{18}{7}$

(2) $3\frac{4}{9} - \frac{14}{9}$ ◯ $4\frac{5}{9} - 2\frac{7}{9}$

10 어떤 수에서 $\frac{9}{13}$를 빼야 할 것을 잘못하여 더했더니 $6\frac{1}{13}$이 되었습니다. 바르게 계산하면 얼마입니까?

(   )

서술형

11 $5\frac{2}{7}$ 에서 어떤 대분수를 뺐더니 $3\frac{3}{7}$ 이 되었습니다. 어떤 대분수를 구하시오.

정답 ○ _____

풀이 과정 ○ _____

_____

서술형

12 태식이의 책가방 무게는 $3\frac{5}{9}$ kg이고 하랑이의 책가방 무게는 $5\frac{2}{9}$ kg입니다. 누구의 책가방이 몇 kg 더 무거운지 구하시오.

정답 ○ ( ) 의 책가방이 ( )kg 더 무겁다.

풀이 과정 ○ _____

_____

서술형

13 상현이는 영화를 보려고 합니다. 상현이네 집에서 A영화관까지의 거리는 $6\frac{13}{15}$ km, B영화관까지의 거리는 $8\frac{4}{15}$ km입니다. 상현이네 집에서 어느 영화관이 얼마만큼 더 가까운지 구하시오.

정답 ○ ( ) 영화관이 ( )km 더 가깝다.

풀이 과정 ○ _____

_____

단원 총정리

1 진분수의 덧셈과 뺄셈

➡ 분모가 같은 진분수의 덧셈과 뺄셈은 분모는 그대로 두고, 분자끼리만 더해주거나 빼면 됩니다.

$$\frac{\blacksquare}{\star}+\frac{\bullet}{\star}=\frac{\blacksquare+\bullet}{\star} \qquad \frac{\blacksquare}{\star}-\frac{\bullet}{\star}=\frac{\blacksquare-\bullet}{\star}$$

2 자연수와 진분수의 덧셈과 뺄셈

➡ (자연수)＋(진분수)는 덧셈 기호 '＋'가 생략된 대분수가 됩니다.

➡ (자연수)－(진분수)꼴의 계산은 자연수를 진분수의 분모와 같은 가분수로 바꾸어 계산합니다.

(방법 1) $3-\dfrac{3}{4}=\dfrac{12}{4}-\dfrac{3}{4}=\dfrac{9}{4}=\dfrac{8}{4}+\dfrac{1}{4}=2+\dfrac{1}{4}=2\dfrac{1}{4}$

(방법 2) $3-\dfrac{3}{4}=2+\dfrac{4}{4}-\dfrac{3}{4}=2+\dfrac{1}{4}=2\dfrac{1}{4}$

3 대분수의 덧셈과 뺄셈

➡ 대분수의 덧셈과 뺄셈은 (대분수)＝(자연수)＋(진분수)이므로 자연수는 자연수끼리, 진분수는 진분수끼리 계산합니다.

$$1\dfrac{2}{4}+2\dfrac{3}{4}=\left(1+\dfrac{2}{4}\right)+\left(2+\dfrac{3}{4}\right)=(1+2)+\left(\dfrac{2}{4}+\dfrac{3}{4}\right)=3+\dfrac{5}{4}$$
$$=3+\left(1+\dfrac{1}{4}\right)=4\dfrac{1}{4} \leftarrow \text{대분수를 자연수와 진분수로 분리하기}$$

➡ $5\dfrac{3}{5}-2\dfrac{4}{5}=(5-2)+\left(\dfrac{3}{5}-\dfrac{4}{5}\right)$에서 $\dfrac{3}{5}-\dfrac{4}{5}$와 같이 진분수끼리 뺄 수 없을 때는 자연수 부분에서 1을 받아내림하여 계산합니다.

$$5\dfrac{3}{5}-2\dfrac{4}{5}=\left(4+1+\dfrac{3}{5}\right)-2\dfrac{4}{5}=\left(4+\dfrac{5}{5}+\dfrac{3}{5}\right)-2\dfrac{4}{5}$$
$$=\left(4+\dfrac{8}{5}\right)-2\dfrac{4}{5}=(4-2)+\left(\dfrac{8}{5}-\dfrac{4}{5}\right)=2+\dfrac{4}{5} \leftarrow 5\dfrac{3}{5}=4\dfrac{8}{5}$$

➡ 대분수를 가분수로 바꾸어 계산합니다.

$$1\dfrac{2}{4}+2\dfrac{3}{4}=\dfrac{6}{4}+\dfrac{11}{4}, \ 5\dfrac{3}{5}-2\dfrac{4}{5}=\dfrac{28}{5}-\dfrac{14}{5}$$

4 자연수와 대분수의 뺄셈

➡ 자연수를 대분수로 바꾸어 자연수는 자연수끼리, 진분수는 진분수끼리 계산합니다.

$$4-2\dfrac{3}{5}=3\dfrac{5}{5}-2\dfrac{3}{5}=(3-2)+\left(\dfrac{5}{5}-\dfrac{3}{5}\right)=1+\dfrac{2}{5}=1\dfrac{2}{5}$$

---

2 $1=\dfrac{\bullet}{\bullet}$, $2=\dfrac{\bullet\times 2}{\bullet}$, $3=\dfrac{\bullet\times 3}{\bullet}$, …을 이용합니다.

즉, $1=\dfrac{6}{6}$, $2=\dfrac{6\times 2}{6}=\dfrac{12}{6}$, $3=\dfrac{6\times 3}{6}=\dfrac{18}{6}$, …입니다.

계산을 쉽게 하기 위해 자연수를 다음과 표현하는 방법도 있습니다.
$$2=\dfrac{12}{6}=1\dfrac{6}{6}$$
$$3=\dfrac{18}{6}=1\dfrac{12}{6}=2\dfrac{6}{6}$$

3 대분수의 덧셈과 뺄셈은 (대분수)＝(자연수)＋(진분수)이므로 자연수는 자연수끼리, 진분수는 진분수끼리 계산합니다.

$5\dfrac{3}{5}-2\dfrac{4}{5}$에서 $\dfrac{3}{5}-\dfrac{4}{5}$와 같이 진분수의 뺄셈이 가능하지 않은 경우는 자연수 5에서 1만큼 받아내림합니다. 이때 1은 $\dfrac{5}{5}$입니다.

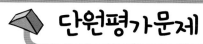
1 그림을 보고 ☐ 안에 알맞은 수를 써넣으시오.

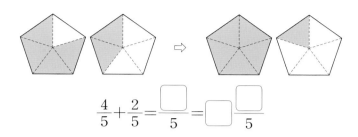

$$\frac{4}{5} + \frac{2}{5} = \frac{\boxed{}}{5} = \boxed{}\frac{\boxed{}}{5}$$

2 ☐ 안에 알맞은 수를 써넣으시오.

$\frac{3}{8}$은 $\frac{1}{8}$이 ☐개, $\frac{4}{8}$는 $\frac{1}{8}$이 ☐개이므로 $\frac{3}{8} + \frac{4}{8}$는 $\frac{1}{8}$이 ☐개입니다.

따라서 $\frac{3}{8} + \frac{4}{8} = \frac{\boxed{}}{8}$입니다.

3 ◯ 안에 >, =, < 중에서 알맞은 것을 써넣으시오.

$$\frac{2}{9} + \frac{3}{9} \quad \bigcirc \quad \frac{8}{9} - \frac{2}{9}$$

4 다음을 계산하시오.

(1) $\frac{3}{7} + \frac{4}{7}$

(2) $\frac{2}{9} + \frac{3}{9} - \frac{4}{9}$

(3) $\frac{9}{11} - \frac{5}{11} + \frac{1}{11}$

5 □ 안에 들어갈 수 있는 모든 자연수의 합을 구하시오.

$$\frac{4}{7} + \frac{\square}{7} < 1\frac{2}{7}$$

(   )

6 분모가 11인 서로 다른 진분수 2개가 있습니다. 합이 $\frac{8}{11}$이고 차가 $\frac{2}{11}$인 두 진분수를 구하시오.

(   )

7 다음을 계산하시오.

(1) $3 + \frac{1}{3} - \frac{2}{3}$

(2) $4 - \frac{3}{4} + \frac{2}{4}$

8 직사각형에서 가로의 길이와 세로의 길이의 차는 몇 cm입니까?

(   )cm

9 다음을 계산하시오.

(1) $3 + 2\frac{1}{4}$

(2) $3\frac{1}{5} + \frac{2}{5}$

(3) $2\frac{4}{7} + 3\frac{1}{7}$

(4) $\frac{13}{9} + \frac{20}{9}$

10 계산 결과가 5와 가장 가까운 뺄셈식에 ○표 하시오.

$$4 + 1\frac{2}{7}$$

( )

$$4\frac{1}{7} + 1\frac{2}{7}$$

( )

$$7 - 2\frac{1}{7}$$

( )

11 □ 안에 들어갈 수 있는 자연수는 모두 몇 개인지 구하시오.

$$4 < 3\frac{8}{9} + \frac{\square}{9} < 4\frac{7}{9}$$

( )개

12 다음을 계산하시오.

(1) $3\frac{1}{3} + \frac{2}{3}$

(2) $\frac{11}{5} + 2\frac{3}{5}$

(3) $3\frac{4}{7} + 2\frac{3}{7} + \frac{9}{7}$

(4) $\frac{3}{9} + \frac{13}{9} + 2\frac{5}{9}$

13 다음 숫자 카드 중에서 2장을 뽑아 10을 만들려고 합니다. 첫 번째에 $6\frac{1}{5}$을 뽑았다면 두 번째에는 어떤 숫자 카드를 뽑아야 합니까?

$6\frac{1}{5}$ $4\frac{3}{5}$ $3\frac{4}{5}$ $4\frac{2}{5}$

( )

14 □ 안에 알맞은 수를 구하시오.

(1) $\square + 3\dfrac{2}{10} = 5$ ( )

(2) $\square + 3\dfrac{4}{7} = 4\dfrac{6}{7}$ ( )

(3) $\square + 1\dfrac{8}{11} = 5\dfrac{4}{11}$ ( )

15 다음을 계산하시오.

(1) $3\dfrac{2}{3} - 2\dfrac{1}{3}$

(2) $5 - 3\dfrac{4}{5}$

(3) $5\dfrac{1}{7} - 3\dfrac{4}{7}$

(4) $4\dfrac{1}{9} - \dfrac{30}{9} + 2\dfrac{5}{9}$

16 주전자에 담긴 물 $7\dfrac{3}{8}$ L 중에서 $3\dfrac{5}{8}$ L를 물병에 옮겨 담았습니다. 주전자에 남은 물의 양은 몇 L입니까?

( )L

17 □ 안에 알맞은 대분수를 구하시오.

$$3\dfrac{5}{7} + 4\dfrac{3}{7} = \square + 2\dfrac{2}{7}$$

( )

18 ◯ 안에 >, =, < 중에서 알맞은 것을 써넣으시오.

(1) $6\frac{1}{7}-\frac{17}{7}$ ◯ $5\frac{3}{7}-1\frac{5}{7}$

(2) $4\frac{3}{9}-2\frac{5}{9}$ ◯ $3\frac{5}{9}-\frac{15}{9}$

19 같은 분수끼리 선을 그어 연결하시오.

$1\frac{3}{6}+2\frac{5}{6}$ ·

$5\frac{5}{6}-1\frac{4}{6}$ ·

$6-1\frac{3}{6}$ ·

· $4\frac{1}{6}$

· $4\frac{2}{6}$

· $4\frac{3}{6}$

· $4\frac{4}{6}$

20 어떤 수에서 $1\frac{5}{9}$를 빼야 할 것을 잘못하여 더했더니 $5\frac{2}{9}$가 되었습니다. 바르게 계산하면 얼마입니까?

(   )

21 4장의 숫자 카드 중에서 3장을 뽑아 ☐ 안에 써넣어 계산 결과가 가장 큰 뺄셈식을 만들고 계산하시오.

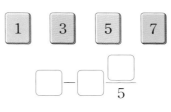

(   )

서술형

22 대분수로만 만들어진 덧셈식에서 ㉠과 ㉡의 차가 가장 작을 때의 ㉠과 ㉡의 값을 구하시오.

(단, ㉠ > ㉡입니다.)

$$4\frac{㉠}{10} + 1\frac{㉡}{10} = 6\frac{3}{10}$$

정답 ㉠ : _____ , ㉡ : _____

풀이 과정 _____

_____

서술형

23 건이와 창규는 철사를 이용하여 도형을 만들었습니다. 건이는 한 변의 길이가 $1\frac{3}{4}$ cm인 정사각형을, 창규는 한 변의 길이가 $2\frac{1}{4}$ cm인 정삼각형을 만들었습니다. 철사를 더 많이 사용한 사람은 누구인지, 몇 cm를 더 많이 사용했는지 구하시오.

정답 ( )가 철사를 ( ) cm 더 많이 사용했다.

풀이 과정 _____

_____

서술형

24 밀가루 6 kg이 있습니다. 빵 1개를 만드는데 필요한 밀가루의 양은 $1\frac{3}{7}$ kg입니다. 밀가루 6 kg을 이용하여 만들 수 있는 빵은 모두 몇 개이고, 빵을 만들고 남은 밀가루의 양은 모두 몇 kg인지 구하시오.

정답 _____ 개, _____ kg

풀이 과정 _____

_____

MEMO

MEMO

Ⅱ
4학년
2학기 분수편
연산훈련문제

진분수의 덧셈

1 ☐ 안에 알맞은 수를 써넣으시오.

(1) $\dfrac{3}{5} + \dfrac{1}{5} = \dfrac{\boxed{} + \boxed{}}{5} = \dfrac{\boxed{}}{\boxed{}}$

(2) $\dfrac{3}{8} + \dfrac{4}{8} = \dfrac{\boxed{} + \boxed{}}{8} = \dfrac{\boxed{}}{\boxed{}}$

(3) $\dfrac{2}{10} + \dfrac{3}{10} + \dfrac{4}{10} = \dfrac{\boxed{} + \boxed{} + \boxed{}}{10} = \dfrac{\boxed{}}{\boxed{}}$

(4) $\dfrac{7}{12} + \dfrac{3}{12} + \dfrac{1}{12} = \dfrac{\boxed{} + \boxed{} + \boxed{}}{12} = \dfrac{\boxed{}}{\boxed{}}$

2 다음을 계산하시오.

(1) $\dfrac{1}{3} + \dfrac{1}{3} =$

(2) $\dfrac{1}{5} + \dfrac{2}{5} =$

(3) $\dfrac{4}{7} + \dfrac{2}{7} =$

(4) $\dfrac{3}{9} + \dfrac{5}{9} =$

(5) $\dfrac{4}{11} + \dfrac{2}{11} + \dfrac{1}{11} =$

(6) $\dfrac{2}{15} + \dfrac{4}{15} + \dfrac{5}{15} =$

3 ☐ 안에 알맞은 수를 써넣으시오.

(1) $\dfrac{\boxed{}}{4} + \dfrac{1}{4} = \dfrac{2}{4}$

(2) $\dfrac{2}{6} + \dfrac{\boxed{}}{6} = \dfrac{5}{6}$

(3) $\dfrac{\boxed{}}{12} + \dfrac{4}{12} + \dfrac{3}{12} = \dfrac{11}{12}$

(4) $\dfrac{5}{14} + \dfrac{\boxed{}}{14} + \dfrac{3}{14} = \dfrac{12}{14}$

4 $\square$ 안에 알맞은 수를 써넣으시오.

(1) $\dfrac{4}{6}+\dfrac{3}{6}=\dfrac{\boxed{}+\boxed{}}{6}=\boxed{}\dfrac{\boxed{}}{\boxed{}}$

(2) $\dfrac{5}{8}+\dfrac{6}{8}=\dfrac{\boxed{}+\boxed{}}{8}=\boxed{}\dfrac{\boxed{}}{\boxed{}}$

(3) $\dfrac{2}{9}+\dfrac{4}{9}+\dfrac{8}{9}=\dfrac{\boxed{}+\boxed{}+\boxed{}}{9}=\boxed{}\dfrac{\boxed{}}{\boxed{}}$

(4) $\dfrac{7}{11}+\dfrac{8}{11}+\dfrac{9}{11}=\dfrac{\boxed{}+\boxed{}+\boxed{}}{11}=\boxed{}\dfrac{\boxed{}}{\boxed{}}$

5 다음을 계산하시오.

(1) $\dfrac{2}{3}+\dfrac{1}{3}=$

(2) $\dfrac{4}{5}+\dfrac{3}{5}=$

(3) $\dfrac{4}{7}+\dfrac{6}{7}=$

(4) $\dfrac{5}{9}+\dfrac{8}{9}=$

(5) $\dfrac{5}{11}+\dfrac{4}{11}+\dfrac{3}{11}=$

(6) $\dfrac{8}{13}+\dfrac{9}{13}+\dfrac{10}{13}=$

6 $\square$ 안에 알맞은 수를 써넣으시오.

(1) $\dfrac{\boxed{}}{2}+\dfrac{1}{2}=1$

(2) $\dfrac{2}{3}+\dfrac{\boxed{}}{3}=1\dfrac{1}{3}$

(3) $\dfrac{3}{5}+\dfrac{\boxed{}}{5}=1$

(4) $\dfrac{\boxed{}}{7}+\dfrac{3}{7}=1\dfrac{2}{7}$

(5) $\dfrac{1}{8}+\dfrac{3}{8}+\dfrac{\boxed{}}{8}=1$

(6) $\dfrac{9}{10}+\dfrac{8}{10}+\dfrac{\boxed{}}{10}=2\dfrac{4}{10}$

7 $\dfrac{3}{7}$ 보다 $\dfrac{2}{7}$ 만큼 더 큰 수는 무엇입니까?

(   )

8 $\dfrac{1}{8}$ 이 4개인 수와 $\dfrac{1}{8}$ 이 6개인 수와 $\dfrac{1}{8}$ 이 7개인 수를 모두 더하면 얼마입니까?

(   )

9 □ 안에 들어갈 수 있는 모든 자연수의 합을 구하시오.

$$1 < \frac{6}{9} + \frac{\square}{9} < 1\frac{4}{9}$$

(   )

10 오늘 동찬이는 체육시간이 끝나고 $\dfrac{2}{5}$ L의 물을 마셨고, 점심시간에 $\dfrac{3}{5}$ L의 물을 마셨습니다. 오늘 동찬이가 마신 물의 양은 모두 몇 L입니까?

(   )L

서술형
11 상현이네 가족은 식사 후에 수박과 사과를 먹었습니다. 상현이는 수박 $\frac{2}{8}$ 조각을 먹었고, 어머니는 수박 $\frac{3}{8}$ 조각을, 아버지는 사과 $\frac{3}{8}$ 조각을 드셨습니다. 상현이네 가족이 먹은 수박은 모두 몇 조각입니까?

정답 ○ _____ 조각

풀이 과정 ○ _____

_____

서술형
12 서정이는 부모님께 드릴 선물을 포장하기 위해 리본끈을 사려고 합니다. 어머니에게 드릴 선물 상자를 묶는데 $\frac{7}{10}$ m가 필요하고, 아버지에게 드릴 선물 상자를 묶는데 $\frac{6}{10}$ m가 필요합니다. 필요한 끈의 길이는 모두 몇 m입니까?

정답 ○ _____ m

풀이 과정 ○ _____

_____

서술형
13 반려견 두리가 아침에는 $\frac{5}{11}$ kg의 사료를 먹고, 점심에는 $\frac{8}{11}$ kg을, 저녁에는 $\frac{10}{11}$ kg을 먹었다면 두리가 하루 동안 먹은 사료의 양은 모두 몇 kg입니까?

정답 ○ _____ kg

풀이 과정 ○ _____

_____

진분수의 뺄셈

1 $\square$ 안에 알맞은 수를 써넣으시오.

(1) $\dfrac{3}{4} - \dfrac{1}{4} = \dfrac{\boxed{} - \boxed{}}{4} = \dfrac{\boxed{}}{4}$

(2) $\dfrac{6}{7} - \dfrac{3}{7} = \dfrac{\boxed{} - \boxed{}}{7} = \dfrac{\boxed{}}{7}$

(3) $\dfrac{8}{9} - \dfrac{5}{9} = \dfrac{\boxed{} - \boxed{}}{9} = \dfrac{\boxed{}}{9}$

(4) $\dfrac{10}{12} - \dfrac{4}{12} = \dfrac{\boxed{} - \boxed{}}{12} = \dfrac{\boxed{}}{12}$

2 다음을 계산하시오.

(1) $\dfrac{2}{3} - \dfrac{1}{3} =$

(2) $\dfrac{6}{7} - \dfrac{4}{7} =$

(3) $\dfrac{7}{9} - \dfrac{3}{9} =$

(4) $\dfrac{10}{11} - \dfrac{7}{11} =$

(5) $\dfrac{9}{13} - \dfrac{5}{13} =$

(6) $\dfrac{13}{15} - \dfrac{9}{15} =$

3 다음을 계산하시오.

(1) $1 - \dfrac{1}{2} =$

(2) $1 - \dfrac{2}{5} =$

(3) $1 - \dfrac{5}{8} =$

(4) $1 - \dfrac{7}{12} =$

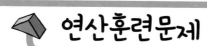
4 다음을 계산하시오.

(1) $\dfrac{4}{5} - \dfrac{1}{5} - \dfrac{2}{5} =$

(2) $\dfrac{5}{6} - \dfrac{2}{6} - \dfrac{2}{6} =$

(3) $1 - \dfrac{1}{7} - \dfrac{4}{7} =$

(4) $1 - \dfrac{3}{8} - \dfrac{2}{8} =$

(5) $\dfrac{9}{10} - \dfrac{2}{10} - \dfrac{3}{10} =$

(6) $\dfrac{11}{13} - \dfrac{7}{13} - \dfrac{2}{13} =$

5 ☐ 안에 알맞은 수를 써넣으시오.

(1) $\dfrac{3}{4} - \dfrac{\boxed{}}{4} = 0$

(2) $\dfrac{\boxed{}}{4} - \dfrac{1}{4} - \dfrac{2}{4} = 0$

(3) $\dfrac{\boxed{}}{6} - \dfrac{3}{6} = \dfrac{2}{6}$

(4) $\dfrac{6}{9} - \dfrac{\boxed{}}{9} = \dfrac{2}{9}$

(5) $\dfrac{10}{11} - \dfrac{\boxed{}}{11} - \dfrac{2}{11} = \dfrac{5}{11}$

(6) $\dfrac{\boxed{}}{14} - \dfrac{6}{14} - \dfrac{3}{14} = \dfrac{4}{14}$

6 ☐ 안에 알맞은 수를 써넣으시오.

(1) $1 + \dfrac{2}{4} - \dfrac{1}{4} = \dfrac{\boxed{} + \boxed{} - \boxed{}}{4} = \dfrac{\boxed{}}{4}$

(2) $\dfrac{3}{6} - \dfrac{2}{6} + \dfrac{4}{6} = \dfrac{\boxed{} - \boxed{} + \boxed{}}{6} = \dfrac{\boxed{}}{6}$

(3) $\dfrac{5}{8} + 1 - \dfrac{6}{8} = \dfrac{\boxed{} + \boxed{} - \boxed{}}{8} = \dfrac{\boxed{}}{8}$

(4) $\dfrac{7}{12} - \dfrac{4}{12} + \dfrac{3}{12} = \dfrac{\boxed{} - \boxed{} + \boxed{}}{12} = \dfrac{\boxed{}}{12}$

7 $\frac{5}{6}$보다 $\frac{3}{6}$만큼 작은 수는 얼마입니까?

(   )

8 $\frac{1}{10}$이 5개인 수와 $\frac{1}{10}$이 8개인 수의 차는 얼마입니까?

(   )

9 □ 안에 들어갈 수 있는 자연수를 모두 구하시오.

$$\frac{3}{11} < \frac{8}{11} - \frac{\square}{11} < \frac{8}{11}$$

(   )

10 영표네 집에 사과는 $\frac{9}{13}$ kg이 있고, 배는 $\frac{7}{13}$ kg이 있습니다. 사과는 배보다 몇 kg 더 많습니까?

(   )kg

정답/풀이 ➡ 45쪽

11 아빠와 함께 낚시를 했습니다. 아빠는 길이가 $1\,m$인 물고기를 잡았고, 나는 길이가 $\dfrac{25}{100}\,m$인 물고기를 잡았습니다. 아빠가 잡은 물고기는 내가 잡은 물고기보다 몇 m 더 깁니까?

정답 ○ _____ m

풀이 과정 ○ _____

_____

12 유진이가 편의점에서 초코우유 $1\,L$를 샀습니다. 집에 가는 길에 $\dfrac{3}{10}\,L$를 마시고, 집에 도착하여 $\dfrac{5}{10}\,L$를 마셨습니다. 남아있는 초코우유의 양은 모두 몇 L입니까?

정답 ○ _____ L

풀이 과정 ○ _____

_____

13 상현이는 생일날 친구들과 함께 케이크를 나눠먹었습니다. 점심에 친구들과 $\dfrac{3}{8}$을 먹고, 저녁에 어머니, 아버지, 동생이 각각 $\dfrac{1}{8}$씩 먹었습니다. 남아있는 케이크의 양은 전체의 얼마입니까?

정답 ○ _____

풀이 과정 ○ _____

_____

자연수와 진분수의 덧셈 · 뺄셈

1 다음을 계산하시오.

(1) $1 + \dfrac{2}{4} =$

(2) $3 + \dfrac{5}{7} =$

(3) $\dfrac{6}{9} + 4 =$

(4) $\dfrac{3}{11} + 6 =$

(5) $2 + 3 + \dfrac{8}{13} =$

(6) $\dfrac{4}{15} + \dfrac{5}{15} + 7 =$

2 ☐ 안에 알맞은 수를 써넣고 계산하시오.

(1) $1 - \dfrac{1}{3} = \dfrac{\boxed{}}{\boxed{}} - \dfrac{1}{3} =$

(2) $1 - \dfrac{3}{4} = \dfrac{\boxed{}}{\boxed{}} - \dfrac{3}{4} =$

(3) $1 - \dfrac{4}{6} = \dfrac{\boxed{} - 4}{6} =$

(4) $1 - \dfrac{5}{7} = \dfrac{\boxed{} - 5}{7} =$

3 ☐ 안에 알맞은 수를 써넣고 계산하시오.

(1) $2 - \dfrac{1}{2} = \left(\boxed{} + 1 \right) - \dfrac{1}{2} =$

(2) $3 - \dfrac{2}{3} = \left(2 + \boxed{} \right) - \dfrac{2}{3} =$

(3) $4 - \dfrac{3}{5} = \left(3 + \dfrac{\boxed{}}{\boxed{}} \right) - \dfrac{3}{5} =$

(4) $5 - \dfrac{4}{7} = \left(\boxed{} + \dfrac{7}{7} \right) - \dfrac{4}{7} =$

(5) $6 - \dfrac{5}{9} = 5 + \left(\dfrac{\boxed{}}{\boxed{}} - \dfrac{5}{9} \right) =$

(6) $7 - \dfrac{6}{11} = \boxed{} + \left(\dfrac{11}{11} - \dfrac{6}{11} \right) =$

4 다음을 계산하시오.

(1) $1 - \dfrac{4}{5} =$

(2) $3 - \dfrac{4}{6} =$

(3) $1 - \dfrac{2}{6} - \dfrac{3}{6} =$

(4) $4 - \dfrac{5}{8} - \dfrac{2}{8} =$

(5) $1 - \dfrac{1}{7} - \dfrac{2}{7} - \dfrac{3}{7} =$

(6) $5 - \dfrac{1}{10} - \dfrac{1}{10} - \dfrac{1}{10} =$

5 다음을 계산하시오.

(1) $\dfrac{2}{4} + \dfrac{2}{4} + \dfrac{2}{4} =$

(2) $2 + \dfrac{3}{5} - \dfrac{2}{5} =$

(3) $3 - \dfrac{4}{7} + \dfrac{2}{7} =$

(4) $4 - \dfrac{5}{8} + \dfrac{3}{8} =$

6 ☐ 안에 알맞은 수를 써넣으시오.

(1) $4 + \boxed{} + \dfrac{3}{4} = 6\dfrac{3}{4}$

(2) $\dfrac{2}{5} + \dfrac{\boxed{}}{5} + \dfrac{2}{5} = 1\dfrac{2}{5}$

(3) $2 + 3 - \dfrac{\boxed{}}{7} = 4\dfrac{5}{7}$

(4) $7 - \dfrac{5}{9} + \dfrac{\boxed{}}{9} = 6\dfrac{7}{9}$

7　　5보다 $\frac{4}{9}$만큼 작은 수는 얼마입니까?

(　　　　　)

8　　$6+\frac{2}{5}$와 $7-\frac{1}{5}$의 차는 얼마입니까?

(　　　　　)

9　　□ 안에 들어갈 수 있는 자연수는 모두 몇 개입니까?

$$2 - \frac{4}{9} < \frac{\square}{9} < 2 + \frac{3}{9}$$

(　　　　　)개

10　　승우네 가족은 아침에 식빵을 먹었습니다. 어머니는 식빵 2개를 드셨고, 승우는 $\frac{4}{5}$개를 먹었습니다. 어머니와 승우가 먹은 식빵은 모두 몇 개입니까?

(　　　　　)개

서술형

11 영중이네 집에는 쌀 $10\,\text{kg}$이 있습니다. 떡을 만들기 위해 $3\,\text{kg}$을 사용하였고, 송편을 만들기 위해 $\frac{7}{9}\,\text{kg}$을 사용했습니다. 남아있는 쌀의 양은 모두 몇 kg입니까?

정답 ○ _____ kg

풀이 과정 ○ _____

_____

서술형

12 예준이는 $1\,\text{L}$의 우유 중에서 $\frac{6}{8}\,\text{L}$를 마셨고, 호수는 $1\,\text{L}$ 우유 중에서 $\frac{4}{8}\,\text{L}$를 마셨습니다. 남아있는 우유가 더 많은 사람은 누구입니까?

정답 ○ _____

풀이 과정 ○ _____

_____

서술형

13 미술시간에 서진이가 가지고 있던 끈에 길이 $\frac{7}{9}\,\text{cm}$의 끈을 더 붙여야하는데 실수로 그만큼 잘라버렸더니 $\frac{7}{9}\,\text{cm}$만 남았습니다. 원래대로 끈을 붙였다면 전체 끈의 길이는 몇 cm입니까?

정답 ○ _____ cm

풀이 과정 ○ _____

_____

받아올림이 없는 대분수의 덧셈

1 다음을 계산하시오.

(1) $2+1\dfrac{2}{3}=$

(2) $2\dfrac{3}{4}+5=$

(3) $3\dfrac{2}{5}+2=$

(4) $3+4\dfrac{2}{6}=$

2 ☐ 안에 알맞은 수를 써넣고 계산하시오.

(1) $1\dfrac{1}{4}+2\dfrac{2}{4}=\left(1+\boxed{}\right)+\left(\dfrac{1}{4}+\dfrac{\boxed{}}{\boxed{}}\right)=$

(2) $2\dfrac{1}{5}+1\dfrac{3}{5}=\left(\boxed{}+1\right)+\left(\dfrac{\boxed{}}{\boxed{}}+\dfrac{3}{5}\right)=$

(3) $3\dfrac{3}{7}+2\dfrac{4}{7}=\left(3+\boxed{}\right)+\dfrac{3+\boxed{}}{7}=$

(4) $4\dfrac{2}{8}+1\dfrac{5}{8}=\left(\boxed{}+1\right)+\dfrac{\boxed{}+5}{8}=$

3 다음을 계산하시오.

(1) $1\dfrac{1}{3}+2\dfrac{1}{3}=$

(2) $2\dfrac{1}{4}+1\dfrac{2}{4}=$

(3) $1\dfrac{1}{5}+2\dfrac{2}{5}+3\dfrac{2}{5}=$

(4) $3\dfrac{2}{6}+2\dfrac{2}{6}+1\dfrac{2}{6}=$

연산훈련문제

4 ☐ 안에 알맞은 수를 써넣고 계산하시오.

(1) $1\dfrac{1}{4} + 2\dfrac{1}{4} = \dfrac{\boxed{}}{4} + \dfrac{\boxed{}}{4} =$

(2) $2\dfrac{4}{5} + 1\dfrac{2}{5} = \dfrac{\boxed{}}{5} + \dfrac{\boxed{}}{5} =$

(3) $3\dfrac{3}{6} + 2\dfrac{4}{6} = \dfrac{\boxed{}}{\boxed{}} + \dfrac{\boxed{}}{\boxed{}} =$

(4) $2\dfrac{5}{7} + 4\dfrac{3}{7} = \dfrac{\boxed{}}{\boxed{}} + \dfrac{\boxed{}}{\boxed{}} =$

5 대분수는 가분수로, 가분수는 대분수로 바꾸어 계산하시오.

(1) $1\dfrac{2}{6} + 3\dfrac{1}{6} =$

(2) $3\dfrac{3}{7} + 2\dfrac{1}{7} + 1\dfrac{2}{7} =$

(3) $\dfrac{9}{8} + \dfrac{21}{8} =$

(4) $\dfrac{10}{9} + \dfrac{20}{9} + \dfrac{30}{9} =$

6 ☐ 안에 알맞은 수를 써넣으시오.

(1) $1 + \boxed{}\dfrac{\boxed{}}{\boxed{}} = 2\dfrac{3}{4}$

(2) $\dfrac{\boxed{}}{\boxed{}} + 1 = 3\dfrac{4}{5}$

(3) $\boxed{}\dfrac{\boxed{}}{\boxed{}} + 1\dfrac{2}{6} = 4\dfrac{5}{6}$

(4) $3\dfrac{2}{7} + \dfrac{\boxed{}}{\boxed{}} = 5\dfrac{6}{7}$

(5) $1\dfrac{2}{9} + \boxed{}\dfrac{\boxed{}}{\boxed{}} = \dfrac{33}{9}$

(6) $\dfrac{\boxed{}}{\boxed{}} + \dfrac{14}{10} = 3\dfrac{9}{10}$

7 $3\frac{4}{9}$ 보다 $\frac{13}{9}$ 만큼 큰 수는 얼마입니까?

(   )

8 □ 안에 들어갈 수 있는 자연수를 구하시오.

$$2\frac{3}{7} + \frac{25}{7} = \frac{\square}{10} + 5\frac{2}{10}$$

(   )

9 직사각형의 둘레는 몇 cm입니까?

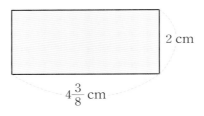

2 cm

$4\frac{3}{8}$ cm

(   )cm

10 숫자 카드 5장 중에서 2장을 뽑아 더했습니다. 그 덧셈의 결과가 가장 큰 값은 무엇입니까?

| $5\frac{2}{10}$ | $4\frac{3}{10}$ | $3\frac{4}{10}$ | $2\frac{5}{10}$ | $6\frac{1}{10}$ |

(   )

서술형
11 미술 시간에 슬기네 모둠이 가져온 준비물을 모두 꺼내보았습니다. 슬기는 색종이 4장을, 한별이는 풀 2개와 색종이 $3\frac{3}{5}$장을, 예빈이는 가위 1개와 색종이 $2\frac{1}{5}$장을 가져왔습니다. 슬기네 모둠이 가져온 색종이는 모두 몇 장입니까?

정답 ○ _____ 장

풀이 과정 ○ _____
_____

서술형
12 준서는 농작물 수확 체험학습을 갔습니다. 고구마는 $5\frac{2}{9}$ kg을 캤고, 감자는 $3\frac{5}{9}$ kg을 캤습니다. 오늘 준서가 캔 농작물의 무게는 모두 kg입니까?

정답 ○ _____ kg

풀이 과정 ○ _____
_____

서술형
13 상현이네 집에서 문구점까지의 거리는 $1\frac{3}{12}$ km, 편의점까지의 거리는 $1\frac{4}{12}$ km, 학교까지의 거리는 $\frac{5}{12}$ km입니다. 상현이가 집 → 문구점 → 집 → 학교를 간다면 전체 몇 km를 걸어야 할까요?

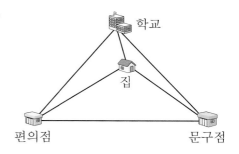

정답 ○ _____ km

풀이 과정 ○ _____
_____

받아올림이 있는 대분수의 덧셈

1 다음을 계산하시오.

(1) $1\dfrac{2}{3} + \dfrac{2}{3} =$

(2) $\dfrac{4}{5} + 2\dfrac{2}{5} =$

(3) $3\dfrac{4}{7} + \dfrac{5}{7} =$

(4) $\dfrac{6}{9} + 4\dfrac{8}{9} =$

2 ☐ 안에 알맞은 수를 써넣고 계산하시오.

(1) $2\dfrac{1}{4} + 3\dfrac{3}{4} = \left(2 + \boxed{}\right) + \left(\dfrac{1}{4} + \dfrac{\boxed{}}{\boxed{}}\right) =$

(2) $1\dfrac{5}{6} + 4\dfrac{3}{6} = \left(\boxed{} + 4\right) + \left(\dfrac{\boxed{}}{\boxed{}} + \dfrac{3}{6}\right) =$

(3) $3\dfrac{6}{8} + 1\dfrac{5}{8} =$

(4) $3\dfrac{7}{9} + 2\dfrac{6}{9} =$

(5) $2\dfrac{8}{10} + 2\dfrac{5}{10} =$

(6) $5\dfrac{10}{13} + 3\dfrac{7}{13} =$

3 ☐ 안에 알맞은 수를 써넣고 가분수를 이용하여 계산하시오.

(1) $1\dfrac{3}{4} + 2\dfrac{2}{4} = \dfrac{\boxed{}}{4} + \dfrac{\boxed{}}{4} =$

(2) $3\dfrac{4}{5} + 2\dfrac{3}{5} = \dfrac{\boxed{}}{\boxed{}} + \dfrac{\boxed{}}{\boxed{}} =$

(3) $5\dfrac{5}{7} + 3\dfrac{4}{7} =$

(4) $2\dfrac{3}{8} + 4\dfrac{5}{8} =$

(5) $2\dfrac{4}{9} + 4\dfrac{8}{9} =$

(6) $3\dfrac{7}{10} + 5\dfrac{4}{10} =$

4 다음을 계산하시오.

(1) $1\frac{3}{4}+2\frac{2}{4}+4\frac{1}{4}=$

(2) $3\frac{1}{5}+2\frac{2}{5}+1\frac{3}{5}=$

(3) $1\frac{8}{9}+2\frac{7}{9}+3\frac{6}{9}=$

(4) $4\frac{5}{11}+2\frac{6}{11}+1\frac{7}{11}=$

5 다음을 계산하시오.

(1) $\frac{4}{6}-\frac{2}{6}+3\frac{5}{6}=$

(2) $4\frac{7}{8}+\frac{14}{8}-\frac{4}{8}=$

(3) $5\frac{8}{10}-\frac{20}{10}+\frac{13}{10}=$

(4) $2\frac{9}{12}-\frac{2}{12}+3\frac{7}{12}=$

6 대분수는 가분수로, 가분수는 대분수로 바꾸어 계산하시오.

(1) $1\frac{2}{3}+2\frac{2}{3}-3\frac{1}{3}=$

(2) $4\frac{3}{5}-2+\frac{7}{5}=$

(3) $2\frac{7}{9}-\frac{11}{9}+4\frac{8}{9}=$

(4) $2\frac{9}{12}+1\frac{11}{12}-4=$

7 분모가 8인 가분수 중에서 $1\frac{3}{8}$보다 크고 $\frac{15}{8}$보다 작은 모든 분수들의 합을 구하시오.

(   )

8 □ 안에 들어갈 수 있는 자연수를 구하시오.

$$2\frac{4}{9} + 1\frac{7}{9} < \frac{\square}{9} < 3\frac{7}{9} + \frac{6}{9}$$

(   )

9 숫자 카드 4장 중에서 4장을 모두 뽑아 분모가 7인 대분수 2개를 만듭니다. 두 대분수의 합 중에서 가장 작은 값은 무엇입니까?

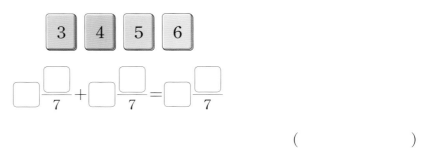

(   )

10 지영이네 집에는 소금 $1\frac{11}{12}$ kg이 있고 설탕은 소금보다 $\frac{5}{12}$ kg 더 많이 있습니다. 지영이네 집에 있는 설탕은 모두 몇 kg입니까?

(   )kg

11 희태는 과학 실험을 하기 위해 식용유 $2\frac{7}{10}$ L와 물 $3\frac{9}{10}$ L를 섞었습니다. 식용유와 물을 섞은 용액은 모두 몇 L입니까?

정답 ○ _____ L

풀이 과정 ○ _____

_____

12 지오의 책가방 무게는 $1\frac{7}{9}$ kg이고 교과서의 무게는 $1\frac{1}{9}$ kg, 필통의 무게는 $\frac{2}{9}$ kg입니다. 책가방에 교과서와 필통을 모두 넣으면 무게는 몇 kg입니까?

정답 ○ _____ kg

풀이 과정 ○ _____

_____

13 서울에 사는 형미는 지난 주말에 부산을 다녀왔습니다. 토요일에는 기차 $1\frac{2}{6}$ 시간과 버스 $3\frac{5}{6}$ 시간이 걸렸고, 일요일에는 비행기 $\frac{3}{6}$ 시간과 자동차 $4\frac{5}{6}$ 시간이 걸렸습니다. 서울과 부산을 이동하는데 더 오랜 시간이 걸린 때는 무슨 요일입니까?

정답 ○ _____

풀이 과정 ○ _____

_____

받아내림이 없는 대분수의 뺄셈

1 다음을 계산하시오.

(1) $1\dfrac{2}{3} - \dfrac{1}{3} =$

(2) $2\dfrac{4}{5} - 1\dfrac{2}{5} =$

(3) $2\dfrac{5}{7} - \dfrac{2}{7} =$

(4) $2 - \dfrac{5}{9} =$

2 ☐ 안에 알맞은 수를 써넣고 계산하시오.

(1) $2\dfrac{3}{4} - 1\dfrac{2}{4} = \left(2 - \boxed{}\right) + \left(\dfrac{3}{4} - \dfrac{\boxed{}}{\boxed{}}\right) =$

(2) $3\dfrac{5}{6} - 2\dfrac{2}{6} = \left(\boxed{} - 2\right) + \left(\dfrac{\boxed{}}{\boxed{}} - \dfrac{2}{6}\right) =$

(3) $3\dfrac{6}{8} - 1\dfrac{4}{8} =$

(4) $3\dfrac{7}{9} - 2\dfrac{2}{9} =$

(5) $3\dfrac{9}{10} - 2\dfrac{5}{10} =$

(6) $5\dfrac{11}{13} - 3\dfrac{9}{13} =$

3 ☐ 안에 알맞은 수를 써넣고 가분수를 이용하여 계산하시오.

(1) $2\dfrac{3}{4} - 1\dfrac{1}{4} = \dfrac{\boxed{}}{4} - \dfrac{\boxed{}}{4} =$

(2) $3\dfrac{4}{5} - 1\dfrac{2}{5} = \dfrac{\boxed{} - \boxed{}}{5} =$

(3) $5\dfrac{6}{7} - 3\dfrac{1}{7} =$

(4) $6\dfrac{5}{8} - 4\dfrac{2}{8} =$

(5) $4\dfrac{8}{9} - 2\dfrac{4}{9} =$

(6) $3\dfrac{7}{10} - 1\dfrac{2}{10} =$

연산훈련문제

정답/풀이 → 56쪽

4 다음을 계산하시오.

(1) $3\dfrac{4}{5}-2\dfrac{2}{5}-1\dfrac{1}{5}=$

(2) $4\dfrac{5}{7}-1\dfrac{1}{7}-2\dfrac{3}{7}=$

(3) $5\dfrac{7}{9}-2\dfrac{3}{9}-3\dfrac{1}{9}=$

(4) $6\dfrac{8}{11}-3\dfrac{2}{11}-1\dfrac{4}{11}=$

5 다음을 계산하시오.

(1) $3\dfrac{5}{6}-1\dfrac{2}{6}+\dfrac{3}{6}=$

(2) $2\dfrac{7}{8}+3\dfrac{5}{8}-1\dfrac{3}{8}=$

(3) $3\dfrac{7}{10}-2\dfrac{4}{10}+1\dfrac{9}{10}=$

(4) $4\dfrac{8}{12}+2\dfrac{9}{12}-5\dfrac{4}{12}=$

6 대분수는 가분수로, 가분수는 대분수로 바꾸어 계산하시오.

(1) $3+2\dfrac{2}{3}-4\dfrac{1}{3}=$

(2) $4\dfrac{4}{5}-\dfrac{8}{5}+2=$

(3) $3\dfrac{7}{9}+\dfrac{24}{9}-4\dfrac{3}{9}=$

(4) $4\dfrac{9}{12}-3\dfrac{2}{12}+2\dfrac{6}{12}=$

7 $\frac{1}{7}$이 41개인 수와 $3\frac{2}{7}$의 차는 얼마입니까?

(   )

8 □ 안에 들어갈 수 있는 자연수는 모두 몇 개입니까?

$$5\frac{8}{9} - 3\frac{4}{9} > 2\frac{\square}{9} + \frac{1}{9}$$

(   )개

9 다음 뺄셈식에서 ◆ + ●의 값이 가장 작을 때의 ◆ × ●의 값을 구하시오.

$$3\frac{\blacklozenge}{6} - 2\frac{\bullet}{6} = \frac{8}{6}$$

(   )

10 어떤 수에서 $1\frac{3}{11}$을 빼야 할 것을 잘못하여 더했더니 $3\frac{8}{11}$이 되었습니다. 바르게 계산하면 얼마입니까?

(   )

11 미정이는 우유 $1\frac{8}{13}$ L 중에서 $\frac{6}{13}$ L를 마셨습니다. 남은 우유는 모두 몇 L입니까?

 정답 ○ _____ L

 풀이 과정 ○ _____

_____

12 대성이네 모둠과 수현이네 모둠이 교실에서 강낭콩을 키웠습니다. 대성이네 모둠이 키운 강낭콩의 길이는 $12\frac{2}{7}$ cm이고 수현이네 모둠이 키운 강낭콩의 길이는 $15\frac{6}{7}$ cm입니다. 어느 모둠의 강낭콩이 몇 cm 더 깁니까?

 정답 ○ (　　　　)이네 모둠의 강낭콩이 (　　　　)cm 더 길다.

 풀이 과정 ○ _____

_____

13 민영이는 미술 준비물로 찰흙 $6\frac{1}{8}$ kg을 가져왔습니다. 재료가 부족하여 신형이에게 찰흙 $2\frac{5}{8}$ kg을 받아서 작품을 완성시켰습니다. 작품을 완성하고 나니 찰흙 $\frac{4}{8}$ kg이 남았다면 민영이가 사용한 찰흙은 모두 kg입니까?

 정답 ○ _____ kg

 풀이 과정 ○ _____

_____

받아내림이 있는 대분수의 뺄셈

1 ☐ 안에 알맞은 수를 써넣고 계산하시오.

(1) $2 - \dfrac{1}{2} = \left(1 + \dfrac{\boxed{}}{\boxed{}}\right) - \dfrac{1}{2} =$

(2) $3 - \dfrac{2}{3} =$

(3) $3 - 1\dfrac{2}{4} = \left(\boxed{} + \dfrac{4}{4}\right) - 1\dfrac{2}{4} =$

(4) $4 - 3\dfrac{4}{5} =$

2 ☐ 안에 알맞은 수를 써넣고 계산하시오.

(1) $3\dfrac{1}{4} - \dfrac{3}{4} = \left(2 + \boxed{} + \dfrac{\boxed{}}{\boxed{}}\right) - \dfrac{3}{4} =$

(2) $4\dfrac{2}{5} - \dfrac{4}{5} = \left(\boxed{} + 1 + \dfrac{\boxed{}}{\boxed{}}\right) - \dfrac{4}{5} =$

(3) $5\dfrac{4}{6} - \dfrac{5}{6} =$

(4) $6\dfrac{3}{7} - \dfrac{5}{7} =$

3 다음을 계산하시오.

(1) $2\dfrac{1}{3} - 1\dfrac{2}{3} =$

(2) $4\dfrac{2}{4} - 2\dfrac{3}{4} =$

(3) $5\dfrac{3}{6} - 2\dfrac{5}{6} =$

(4) $6\dfrac{1}{7} - 3\dfrac{5}{7} =$

(5) $8\dfrac{3}{9} - 4\dfrac{5}{9} =$

(6) $7\dfrac{5}{10} - 2\dfrac{8}{10} =$

4 ☐ 안에 알맞은 수를 써넣고 가분수를 이용하여 계산하시오.

(1) $3\dfrac{1}{4} - 1\dfrac{3}{4} = \dfrac{\boxed{}}{4} - \dfrac{\boxed{}}{4} =$

(2) $4\dfrac{2}{5} - 3\dfrac{2}{5} = \dfrac{\boxed{} - \boxed{}}{5} =$

(3) $4\dfrac{2}{6} - 2\dfrac{5}{6} =$

(4) $4\dfrac{1}{7} - 1\dfrac{5}{7} =$

(5) $5\dfrac{3}{8} - 3\dfrac{5}{8} =$

(6) $6\dfrac{4}{9} - 4\dfrac{7}{9} =$

5 ☐ 안에 알맞은 수를 써넣고 계산하시오.

(1) $4\dfrac{1}{5} - 2\dfrac{3}{5} = \boxed{}\dfrac{6}{5} - 2\dfrac{3}{5} =$

(2) $3\dfrac{3}{6} - 1\dfrac{4}{6} = 2\dfrac{\boxed{}}{6} - 1\dfrac{4}{6} =$

(3) $5\dfrac{2}{7} - 1\dfrac{3}{7} =$

(4) $4\dfrac{5}{8} - 3\dfrac{6}{8} =$

(5) $6\dfrac{5}{9} - 4\dfrac{7}{9} =$

(6) $7\dfrac{4}{10} - 4\dfrac{9}{10} =$

6 대분수는 가분수로, 가분수는 대분수로 바꾸어 계산하시오.

(1) $5\dfrac{2}{7} + \dfrac{10}{7} - 2\dfrac{4}{7} =$

(2) $5\dfrac{2}{9} - 3\dfrac{7}{9} + \dfrac{17}{9} =$

(3) $5\dfrac{8}{11} - 4\dfrac{9}{11} + \dfrac{24}{11} =$

(4) $5\dfrac{2}{13} - 2\dfrac{4}{13} - \dfrac{20}{13} =$

7 $7\frac{4}{9}$ 보다 $3\frac{8}{9}$ 만큼 작은 수는 얼마입니까?

(   )

8   ◯ 안에 >, =, < 중에서 알맞은 것을 써넣으시오.

$$5\frac{3}{8} - 1\frac{5}{8} \quad \bigcirc \quad 6\frac{2}{8} - \frac{19}{8}$$

(   )

9   가★나＝가－나＋1로 약속할 때, 다음을 계산하시오.

$$6\frac{4}{11} \; ★ \; 2\frac{6}{11}$$

(   )

10   어떤 수에서 $\frac{8}{12}$ 을 빼야 할 것을 잘못하여 더했더니 $5\frac{3}{12}$ 이 되었습니다. 바르게 계산하면 얼마입니까?

(   )

서술형
11 미술시간에 쓰고 남은 테이프 $4\frac{6}{12}$ m 중에 $2\frac{10}{12}$ m를 잘라서 친구에게 주었다면, 남아있는 테이프
는 모두 몇 m입니까?

정답 ○ _____ m

풀이 과정 ○ _____

_____

서술형
12 직사각형의 가로의 길이는 $7\frac{2}{6}$ cm이고, 세로의 길이는 가로의 길이보다 $2\frac{5}{6}$ cm 더 짧다면 직사각
형의 네 변의 길이의 합은 모두 몇 cm입니까?

정답 ○ _____ cm

풀이 과정 ○ _____

_____

서술형
13 한 달 전 진호의 몸무게는 40 kg이었습니다. 다음은 5주간 진호의 몸무게 변화를 기록한 표입니다.
5주가 지난 뒤 진호의 몸무게는 몇 kg입니까?

기간	1주	2주	3주	4주	5주
체중 (kg)	$+1\frac{4}{7}$	$-1\frac{2}{7}$	$+2\frac{3}{7}$	-2	$-\frac{5}{7}$

정답 ○ _____ kg

풀이 과정 ○ _____

_____

MEMO

Never give up!

No pain, no gain!

현직 초등교사 안쌤이랑 공부하면 '분수가 쉬워요!'

쌤이랑 초등수학 분수잡기

4 학년

안상현 지음 | 고희권 기획

정답 및 해설

쏠티북스

현직 초등교사 안쌤이랑 공부하면 '분수가 쉬워요!'

쌤이랑 초등수학 분수잡기

4학년

안상현 지음 | 고희권 기획

정답 및 해설

쏠티북스

DAY 01 진분수의 덧셈 (합이 1보다 작은 경우)

바로! 확인문제

본문 p. 11

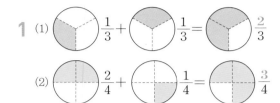

1 (1) $\dfrac{1}{3} + \dfrac{1}{3} = \dfrac{2}{3}$

(2) $\dfrac{2}{4} + \dfrac{1}{4} = \dfrac{3}{4}$

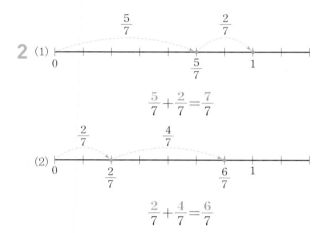

2 (1) $\dfrac{5}{7} + \dfrac{2}{7} = \dfrac{7}{7}$

(2) $\dfrac{2}{7} + \dfrac{4}{7} = \dfrac{6}{7}$

3 (1) $\dfrac{1}{4} + \dfrac{2}{4} = \dfrac{1+2}{4} = \dfrac{3}{4}$

(2) $\dfrac{2}{5} + \dfrac{2}{5} = \dfrac{2+2}{5} = \dfrac{4}{5}$

4 분모가 같은 진분수의 덧셈은 분모는 그대로 두고 분자끼리만 더하면 됩니다. 분자는 분자끼리, 분모는 분모끼리 더하는 학생들이 있는데 잘못된 계산 방법입니다.

$\dfrac{2}{7} + \dfrac{3}{7} = \dfrac{2+3}{7}$ (○)

$\dfrac{2}{7} + \dfrac{3}{7} = \dfrac{2+3}{7+7}$ (×)

기본문제 배운 개념 적용하기

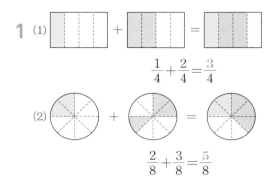

1 (1) $\dfrac{1}{4} + \dfrac{2}{4} = \dfrac{3}{4}$

(2) $\dfrac{2}{8} + \dfrac{3}{8} = \dfrac{5}{8}$

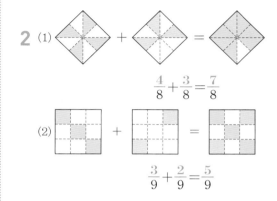

2 (1) $\dfrac{4}{8} + \dfrac{3}{8} = \dfrac{7}{8}$

(2) $\dfrac{3}{9} + \dfrac{2}{9} = \dfrac{5}{9}$

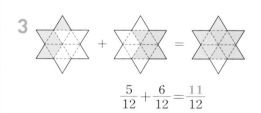

3 $\dfrac{5}{12} + \dfrac{6}{12} = \dfrac{11}{12}$

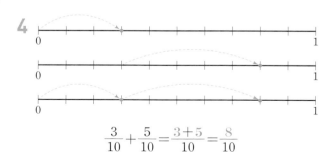

4 $\dfrac{3}{10} + \dfrac{5}{10} = \dfrac{3+5}{10} = \dfrac{8}{10}$

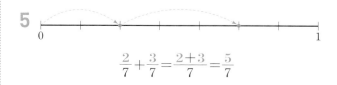

5 $\dfrac{2}{7} + \dfrac{3}{7} = \dfrac{2+3}{7} = \dfrac{5}{7}$

6 (1) $\dfrac{1}{3}+\dfrac{1}{3}=\dfrac{1+1}{3}=\dfrac{2}{3}$

(2) $\dfrac{1}{5}+\dfrac{2}{5}=\dfrac{1+2}{5}=\dfrac{3}{5}$

(3) $\dfrac{2}{7}+\dfrac{4}{7}=\dfrac{2+4}{7}=\dfrac{6}{7}$

(4) $\dfrac{4}{9}+\dfrac{5}{9}=\dfrac{4+5}{9}=\dfrac{9}{9}=1$

5 (1) $\dfrac{1}{4}+\dfrac{1}{4}=\dfrac{1+1}{4}=\dfrac{2}{4}$

(2) $\dfrac{3}{9}+\dfrac{4}{9}=\dfrac{3+4}{9}=\dfrac{7}{9}$

6 (1) (방법 1) $\dfrac{1}{9}+\dfrac{3}{9}+\dfrac{4}{9}=\left(\dfrac{1}{9}+\dfrac{3}{9}\right)+\dfrac{4}{9}$

$=\dfrac{4}{9}+\dfrac{4}{9}=\dfrac{8}{9}$

(방법 2) $\dfrac{1}{9}+\dfrac{3}{9}+\dfrac{4}{9}=\dfrac{1+3+4}{9}=\dfrac{8}{9}$

(2) (방법 1) $\dfrac{3}{17}+\dfrac{5}{17}+\dfrac{7}{17}=\left(\dfrac{3}{17}+\dfrac{5}{17}\right)+\dfrac{7}{17}$

$=\dfrac{8}{17}+\dfrac{7}{17}=\dfrac{15}{17}$

(방법 2) $\dfrac{3}{17}+\dfrac{5}{17}+\dfrac{7}{17}=\dfrac{3+5+7}{17}=\dfrac{15}{17}$

본문 p. 14

발견문제 배운 개념 응용하기

1 (1)

$\dfrac{1}{6}+\dfrac{2}{6}=\dfrac{3}{6}$

(2)

$\dfrac{4}{16}+\dfrac{8}{16}=\dfrac{12}{16}$

2

$\dfrac{5}{9}+\dfrac{3}{9}=\dfrac{8}{9}$

3 $\dfrac{2}{7}$는 $\dfrac{1}{7}$이 2개, $\dfrac{3}{7}$은 $\dfrac{1}{7}$이 3개이므로

$\dfrac{2}{7}+\dfrac{3}{7}$은 $\dfrac{1}{7}$이 5(=2+3)개입니다.

따라서 $\dfrac{2}{7}+\dfrac{3}{7}=\dfrac{5}{7}$ 입니다.

4 (1) 분모가 같은 두 분수를 더할 때,

$\dfrac{1}{5}+\dfrac{2}{5}=\dfrac{1+2}{5+5}=\dfrac{3}{10}$과 같이 분자는 분자끼리,

분모는 분모끼리 더합니다. (×)

(2) 분모가 같은 두 분수를 더할 때,

$\dfrac{1}{5}+\dfrac{2}{5}=\dfrac{1+2}{5}=\dfrac{3}{10}$과 같이 분모는 그대로 두고

분자끼리 더합니다. (○)

7 $\dfrac{1}{8}+\dfrac{3}{8}=\dfrac{1+3}{8}=\dfrac{4}{8}$

$\dfrac{4}{8}+\dfrac{2}{8}=\dfrac{4+2}{8}=\dfrac{6}{8}$

$\dfrac{6}{14}+\dfrac{3}{14}=\dfrac{6+3}{14}=\dfrac{9}{14}$

$\dfrac{3}{14}+\dfrac{7}{14}=\dfrac{3+7}{14}=\dfrac{10}{14}$

$\dfrac{2}{14}+\dfrac{3}{14}+\dfrac{5}{14}=\dfrac{2+3+5}{14}=\dfrac{10}{14}$

$\dfrac{4}{14}+\dfrac{5}{14}=\dfrac{4+5}{14}=\dfrac{9}{14}$

$\dfrac{2}{8}+\dfrac{2}{8}=\dfrac{2+2}{8}=\dfrac{4}{8}$

$\dfrac{1}{8}+\dfrac{2}{8}+\dfrac{3}{8}=\dfrac{1+2+3}{8}=\dfrac{6}{8}$

따라서 같은 분수끼리 선을 그어 연결하면 다음과
같습니다.

$\dfrac{1}{8}+\dfrac{3}{8}$ • • $\dfrac{2}{14}+\dfrac{3}{14}+\dfrac{5}{14}$

$\dfrac{4}{8}+\dfrac{2}{8}$ • • $\dfrac{4}{14}+\dfrac{5}{14}$

$\dfrac{6}{14}+\dfrac{3}{14}$ • • $\dfrac{2}{8}+\dfrac{2}{8}$

$\dfrac{3}{14}+\dfrac{7}{14}$ • • $\dfrac{1}{8}+\dfrac{2}{8}+\dfrac{3}{8}$

8 (1) $\dfrac{7}{8}=\dfrac{2}{8}+\dfrac{\square}{8}=\dfrac{2+\square}{8}$

에서 $7=2+\square$이므로 $\square=7-2=5$입니다.

따라서 $\dfrac{7}{8}=\dfrac{2}{8}+\dfrac{\boldsymbol{5}}{8}$입니다.

(2) $\dfrac{7}{10}=\dfrac{\square}{10}+\dfrac{5}{10}=\dfrac{\square+5}{10}$

에서 $7=\square+5$이므로 $\square=7-5=2$입니다.

따라서 $\dfrac{7}{10}=\dfrac{\boldsymbol{2}}{10}+\dfrac{5}{10}$입니다.

(3) $\dfrac{8}{13}=\dfrac{5}{13}+\dfrac{\square}{\square}=\dfrac{5}{13}+\dfrac{\square}{13}=\dfrac{5+\square}{13}$

에서 $8=5+\square$이므로 $\square=8-5=3$입니다.

따라서 $\dfrac{8}{13}=\dfrac{5}{13}+\dfrac{\boldsymbol{3}}{13}$입니다.

(4) $\dfrac{9}{15}=\dfrac{2}{15}+\dfrac{3}{15}+\dfrac{\square}{\square}$

$\quad=\dfrac{2}{15}+\dfrac{3}{15}+\dfrac{\square}{15}$

$\quad=\dfrac{2+3+\square}{15}=\dfrac{5+\square}{15}$

에서 $9=5+\square$이므로 $\square=9-5=4$입니다.

따라서 $\dfrac{9}{15}=\dfrac{2}{15}+\dfrac{3}{15}+\dfrac{\boldsymbol{4}}{15}$입니다.

9 진분수는 분자가 분모보다 작은 분수입니다.

$\dfrac{2}{11}+\dfrac{\square}{11}=\dfrac{2+\square}{11}$가 진분수이므로

$2+\square<11$이어야 합니다.

따라서 $\square=1,\ 2,\ 3,\ 4,\ 5,\ 6,\ 7,\ 8$이므로 $\square$ 안에 들어갈 수 있는 자연수는 모두 $\boldsymbol{8}$개이다.

10 (1) $\dfrac{2}{7}+\dfrac{3}{7}=\dfrac{2+3}{7}=\dfrac{\boldsymbol{5}}{\boldsymbol{7}}$

(2) $\dfrac{5}{15}+\dfrac{4}{15}=\dfrac{5+4}{15}=\dfrac{\boldsymbol{9}}{\boldsymbol{15}}$

(3) $\dfrac{3}{21}+\dfrac{7}{21}+\dfrac{9}{21}=\dfrac{3+7+9}{21}=\dfrac{\boldsymbol{19}}{\boldsymbol{21}}$

(4) $\dfrac{7}{33}+\dfrac{9}{33}+\dfrac{13}{33}=\dfrac{7+9+13}{33}=\dfrac{\boldsymbol{29}}{\boldsymbol{33}}$

11 $\dfrac{3}{8}+\dfrac{\square}{8}<1$에서 $\dfrac{3+\square}{8}<\dfrac{8}{8}$입니다.

따라서 $3+\square<8$에서 $\square=1,\ 2,\ 3,\ 4$이므로 $\square$ 안에 들어갈 수 있는 자연수는 모두 $\boldsymbol{4}$개이다.

12 $\dfrac{3}{8}+\dfrac{4}{8}=\dfrac{3+4}{8}=\dfrac{\boldsymbol{7}}{\boldsymbol{8}}$ (개)

13 $\dfrac{3}{12}+\dfrac{3}{12}+\dfrac{2}{12}=\dfrac{3+3+2}{12}=\dfrac{\boldsymbol{8}}{\boldsymbol{12}}$

진분수의 덧셈 (합이 1보다 큰 경우)

 바로! 확인문제   본문 p. 19

1

(1) + =

$$\frac{2}{3}+\frac{2}{3}=\frac{4}{3}=1\frac{1}{3}$$

(2)

$$\frac{3}{4}+\frac{2}{4}=\frac{5}{4}=1\frac{1}{4}$$

(3)

$$\frac{4}{5}+\frac{3}{5}=\frac{7}{5}=1\frac{2}{5}$$

2

(1)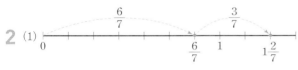

$$\frac{6}{7}+\frac{3}{7}=\frac{9}{7}=1\frac{2}{7}$$

(2)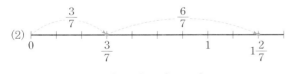

$$\frac{3}{7}+\frac{6}{7}=\frac{9}{7}=1\frac{2}{7}$$

3

(1) $\dfrac{2}{5}+\dfrac{4}{5}=\dfrac{2+4}{5}$

(2) $\dfrac{3}{6}+\dfrac{5}{6}=\dfrac{3+5}{6}=\dfrac{8}{6}$

(3) $\dfrac{4}{7}+\dfrac{6}{7}=\dfrac{4+6}{7}=\dfrac{10}{7}=1\dfrac{3}{7}$

기본문제   배운 개념 적용하기

1

(1) + =

$$\frac{2}{3}+\frac{2}{3}=\frac{4}{3}=1\frac{1}{3}$$

(2)

$$\frac{4}{8}+\frac{5}{8}=\frac{9}{8}=1\frac{1}{8}$$

2

(1)

$$\frac{2}{4}+\frac{3}{4}=\frac{5}{4}=1\frac{1}{4}$$

(2) + =

$$\frac{4}{6}+\frac{3}{6}=\frac{7}{6}=1\frac{1}{6}$$

3

$$\frac{5}{8}+\frac{7}{8}=\frac{12}{8}=1\frac{4}{8}$$

4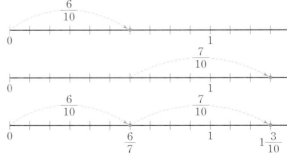

$$\frac{6}{10}+\frac{7}{10}=\frac{6+7}{10}=\frac{13}{10}=1\frac{3}{10}$$

5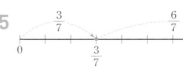

$$\frac{3}{7}+\frac{6}{7}=\frac{3+6}{7}=\frac{9}{7}=1\frac{2}{7}$$

6 (1) $\dfrac{1}{3}+\dfrac{2}{3}=\dfrac{1+2}{3}=\dfrac{3}{3}=1$

(2) $\dfrac{2}{5}+\dfrac{4}{5}=\dfrac{2+4}{5}=\dfrac{6}{5}=1\dfrac{1}{5}$

(3) $\dfrac{3}{7}+\dfrac{6}{7}=\dfrac{3+6}{7}=\dfrac{9}{7}=1\dfrac{2}{7}$

(4) $\dfrac{5}{9}+\dfrac{8}{9}=\dfrac{5+8}{9}=\dfrac{13}{9}=1\dfrac{4}{9}$

본문 p. 22

발전문제 배운 개념 응용하기

1 (1)

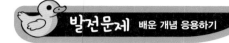

$$\dfrac{3}{5}+\dfrac{3}{5}=\dfrac{6}{5}=1\dfrac{1}{5}$$

(2)

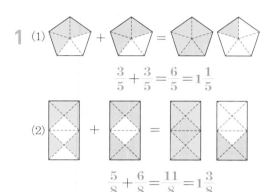

$$\dfrac{5}{8}+\dfrac{6}{8}=\dfrac{11}{8}=1\dfrac{3}{8}$$

2

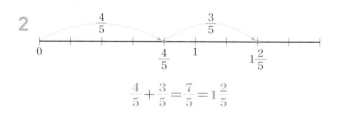

$$\dfrac{4}{5}+\dfrac{3}{5}=\dfrac{7}{5}=1\dfrac{2}{5}$$

3 (1) $\dfrac{3}{5}+\dfrac{4}{5}=\dfrac{3+4}{5}=\dfrac{7}{5}=1\dfrac{2}{5}$

(2) $\dfrac{4}{7}+\dfrac{5}{7}=\dfrac{4+5}{7}=\dfrac{9}{7}=1\dfrac{2}{7}$

(3) $\dfrac{6}{11}+\dfrac{8}{11}=\dfrac{6+8}{11}=\dfrac{14}{11}=1\dfrac{3}{11}$

(4) $\dfrac{9}{13}+\dfrac{7}{13}=\dfrac{9+7}{13}=\dfrac{16}{13}=1\dfrac{3}{13}$

4 분자의 합이 11이 되어야 합니다.
2+3+6=11이므로
따라서 $\dfrac{2}{11}+\dfrac{3}{11}+\dfrac{6}{11}=\dfrac{11}{11}=1$입니다.

5 (1) $\dfrac{2}{5}+\dfrac{3}{5}+\dfrac{4}{5}=\dfrac{2}{5}+\dfrac{3}{5}+\dfrac{4}{5}$

$$=\dfrac{2+3}{5}+\dfrac{4}{5}=\dfrac{5}{5}+\dfrac{4}{5}$$

$$=1+\dfrac{4}{5}=1\dfrac{4}{5}$$

(2) $\dfrac{1}{6}+\dfrac{3}{6}+\dfrac{5}{6}=\dfrac{1}{6}+\dfrac{3}{6}+\dfrac{5}{6}$

$$=\dfrac{1+5}{6}+\dfrac{3}{6}=\dfrac{6}{6}+\dfrac{3}{6}$$

$$=1+\dfrac{3}{6}=1\dfrac{3}{6}$$

(3) $\dfrac{4}{7}+\dfrac{3}{7}+\dfrac{2}{7}=\dfrac{4}{7}+\dfrac{3}{7}+\dfrac{2}{7}$

$$=\dfrac{4+3}{7}+\dfrac{2}{7}=\dfrac{7}{7}+\dfrac{2}{7}$$

$$=1+\dfrac{2}{7}=1\dfrac{2}{7}$$

(4) $\dfrac{3}{8}+\dfrac{6}{8}+\dfrac{2}{8}=\dfrac{3}{8}+\dfrac{6}{8}+\dfrac{2}{8}$

$$=\dfrac{3}{8}+\dfrac{6+2}{8}=\dfrac{3}{8}+\dfrac{8}{8}$$

$$=\dfrac{3}{8}+1=1\dfrac{3}{8}$$

6 (1) $\dfrac{3}{4}+\dfrac{3}{4}=\dfrac{3+3}{4}=\dfrac{6}{4}=1\dfrac{2}{4}$

$$\dfrac{1}{4}+\dfrac{2}{4}+\dfrac{3}{4}=\dfrac{1+2+3}{4}=\dfrac{6}{4}=1\dfrac{2}{4}$$

따라서 $\dfrac{3}{4}+\dfrac{3}{4}=\dfrac{1}{4}+\dfrac{2}{4}+\dfrac{3}{4}$ 입니다.

(2) $\dfrac{4}{8}+\dfrac{5}{8}=\dfrac{4+5}{8}=\dfrac{9}{8}=1\dfrac{1}{8}$

$$\dfrac{3}{8}+\dfrac{7}{8}=\dfrac{3+7}{8}=\dfrac{10}{8}=1\dfrac{2}{8}$$

따라서 $\dfrac{4}{8}+\dfrac{5}{8}<\dfrac{3}{8}+\dfrac{7}{8}$ 입니다.

(3) $\dfrac{7}{13}+\dfrac{9}{13}=\dfrac{7+9}{13}=\dfrac{16}{13}=1\dfrac{3}{13}$

따라서 $\dfrac{7}{13}+\dfrac{9}{13}>1\dfrac{2}{13}$ 입니다.

7 $\dfrac{5}{11}+\dfrac{8}{11}=\dfrac{5+8}{11}=\dfrac{13}{11}=1\dfrac{2}{11}$

$$\dfrac{4}{11}+\dfrac{7}{11}=\dfrac{4+7}{11}=\dfrac{11}{11}=1$$

$$\dfrac{12}{19}+\dfrac{9}{19}=\dfrac{12+9}{19}=\dfrac{21}{19}=1\dfrac{2}{19}$$

$$\dfrac{13}{19}+\dfrac{11}{19}=\dfrac{13+11}{19}=\dfrac{24}{19}=1\dfrac{5}{19}$$

따라서 같은 분수끼리 선을 그어 연결하면 다음과 같습니다.

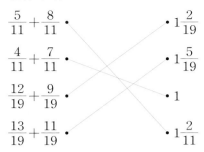

8 $\dfrac{8}{14}+\dfrac{6}{14}=\dfrac{8+6}{14}=\dfrac{14}{14}=1$

$\dfrac{8}{14}+\dfrac{9}{14}=\dfrac{8+9}{14}=\dfrac{17}{14}=1\dfrac{3}{14}$

$\dfrac{10}{14}+\dfrac{6}{14}=\dfrac{10+6}{14}=\dfrac{16}{14}=1\dfrac{2}{14}$

$\dfrac{10}{14}+\dfrac{9}{14}=\dfrac{10+9}{14}=\dfrac{19}{14}=1\dfrac{5}{14}$

따라서 빈 칸에 알맞은 분수를 써넣으면 다음과 같습니다.

+	$\dfrac{6}{14}$	$\dfrac{9}{14}$
$\dfrac{8}{14}$	1	$1\dfrac{3}{14}$
$\dfrac{10}{14}$	$1\dfrac{2}{14}$	$1\dfrac{5}{14}$

9 (1) $\dfrac{3}{6}+\dfrac{5}{6}=\dfrac{3+5}{6}=\dfrac{8}{6}=1\dfrac{2}{6}$

(2) $\dfrac{1}{9}+\dfrac{3}{9}+\dfrac{8}{9}=\dfrac{1+3+8}{9}=\dfrac{12}{9}=1\dfrac{3}{9}$

(3) $\dfrac{2}{12}+\dfrac{4}{12}+\dfrac{6}{12}=\dfrac{2+4+6}{12}=\dfrac{12}{12}=1$

(4) $\dfrac{4}{15}+\dfrac{5}{15}+\dfrac{6}{15}+\dfrac{7}{15}=\dfrac{4+5+6+7}{15}$
$=\dfrac{22}{15}=1\dfrac{7}{15}$

10 (1) $\dfrac{\square}{7}+\dfrac{4}{7}=1\dfrac{2}{7}=\dfrac{9}{7}$이므로

$\square+4=9$에서 $\square=9-4=5$입니다.

(2) $\dfrac{7}{11}+\dfrac{\square}{11}=1\dfrac{4}{11}=\dfrac{15}{11}$이므로

$7+\square=15$에서 $\square=15-7=8$입니다.

11 분모가 7인 진분수는 $\dfrac{1}{7}$, $\dfrac{2}{7}$, $\dfrac{3}{7}$, $\dfrac{4}{7}$, $\dfrac{5}{7}$, $\dfrac{6}{7}$입니다.

이때 두 진분수의 합이 가장 클 때의 두 진분수는 $\dfrac{5}{7}$, $\dfrac{6}{7}$이고 그 합은

$\dfrac{5}{7}+\dfrac{6}{7}=\dfrac{5+6}{7}=\dfrac{11}{7}=1\dfrac{4}{7}$

입니다.

12 $1<\dfrac{5}{11}+\dfrac{\square}{11}<1\dfrac{3}{11}$에서

$1=\dfrac{11}{11}$, $\dfrac{5}{11}+\dfrac{\square}{11}=\dfrac{5+\square}{11}$, $1\dfrac{3}{11}=\dfrac{14}{11}$

이므로 $\dfrac{11}{11}<\dfrac{5+\square}{11}<\dfrac{14}{11}$입니다.

이때 $11<5+\square<14$이므로 $\square=7$, 8입니다.

따라서 $\square$ 안에 들어갈 수 있는 자연수는 모두 2개입니다.

13 $\dfrac{4}{15}+\dfrac{7}{15}+\dfrac{6}{15}=\dfrac{4+7+6}{15}=\dfrac{17}{15}=1\dfrac{2}{15}$

따라서 상현이가 3일 동안 주운 쓰레기의 양은 $1\dfrac{2}{15}$ kg입니다.

진분수의 뺄셈

본문 p. 27

바로! 확인문제

1 (1)

$$\frac{2}{3} - \frac{1}{3} = \frac{1}{3}$$

(2)

$$\frac{3}{4} - \frac{2}{4} = \frac{1}{4}$$

2 (1)

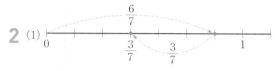

$$\frac{6}{7} - \frac{3}{7} = \frac{3}{7}$$

(2)

$$\frac{7}{7} - \frac{4}{7} = \frac{3}{7}$$

3 (1) $\dfrac{3}{5} - \dfrac{1}{5} = \dfrac{3-1}{5} = \dfrac{2}{5}$

(2) $\dfrac{4}{6} - \dfrac{2}{6} = \dfrac{4-2}{6} = \dfrac{2}{6}$

4 분모가 같은 진분수의 뺄셈은 분모는 그대로 두고 분자끼리만 빼면 됩니다. 분자는 분자끼리, 분모는 분모끼리 빼는 학생들이 있는데 잘못된 계산 방법입니다.

$$\frac{5}{6} - \frac{3}{6} = \frac{5-3}{6}$$

$$\frac{5}{6} - \frac{3}{6} = \frac{5-3}{6-6}$$

(○)   (×)

기본문제 배운 개념 적용하기

1 (1)

$$\frac{3}{4} - \frac{2}{4} = \frac{1}{4}$$

(2)

$$\frac{5}{8} - \frac{3}{8} = \frac{2}{8}$$

2 (1)

$$\frac{3}{5} - \frac{2}{5} = \frac{1}{5}$$

(2)

$$\frac{6}{9} - \frac{3}{9} = \frac{3}{9}$$

3

$$\frac{10}{12} - \frac{4}{12} = \frac{6}{12}$$

4

$$\frac{7}{10} - \frac{4}{10} = \frac{7-4}{10} = \frac{3}{10}$$

5

$$\frac{6}{7}-\frac{4}{7}=\frac{6-4}{7}=\frac{2}{7}$$

6 (1) $\dfrac{2}{3}-\dfrac{1}{3}=\dfrac{2-1}{3}=\dfrac{1}{3}$

(2) $\dfrac{4}{5}-\dfrac{2}{5}=\dfrac{4-2}{5}=\dfrac{2}{5}$

(3) $\dfrac{6}{7}-\dfrac{3}{7}=\dfrac{6-3}{7}=\dfrac{3}{7}$

(4) $\dfrac{7}{9}-\dfrac{4}{9}=\dfrac{7-4}{9}=\dfrac{3}{9}$

본문 p. 30

발전문제 배운 개념 응용하기

1 (1)

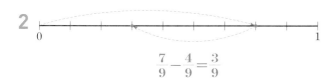

$$\frac{6}{10}-\frac{2}{10}=\frac{4}{10}$$

(2)

$$\frac{8}{16}-\frac{3}{16}=\frac{5}{16}$$

2

$$\frac{7}{9}-\frac{4}{9}=\frac{3}{9}$$

3 $\dfrac{5}{7}$는 $\dfrac{1}{7}$이 5개, $\dfrac{3}{7}$은 $\dfrac{1}{7}$이 3개이므로

$\dfrac{5}{7}-\dfrac{3}{7}$은 $\dfrac{1}{7}$이 $2(=5-3)$개입니다.

따라서 $\dfrac{5}{7}-\dfrac{3}{7}=\dfrac{2}{7}$입니다.

4 (1) 분모가 같은 두 분수의 뺄셈을 할 때,
$\dfrac{3}{4}-\dfrac{1}{4}=\dfrac{3-1}{4-4}=\dfrac{2}{0}$와 같이 분자는 분자끼리, 분모는 분모끼리 뺍니다. (×)

(2) 분모가 같은 두 분수의 뺄셈을 할 때,
$\dfrac{3}{4}-\dfrac{1}{4}=\dfrac{3-1}{4}=\dfrac{2}{4}$와 같이 분모는 그대로 두고 분자끼리 뺍니다. (○)

5 (1) $\dfrac{3}{4}-\dfrac{1}{4}=\dfrac{3-1}{4}=\dfrac{2}{4}$

(2) $\dfrac{7}{8}-\dfrac{3}{8}=\dfrac{7-3}{8}=\dfrac{4}{8}$

6 (1) (방법 1) $\dfrac{8}{9}-\dfrac{2}{9}-\dfrac{3}{9}=\left(\dfrac{8}{9}-\dfrac{2}{9}\right)-\dfrac{3}{9}$

$$=\dfrac{8-2}{9}-\dfrac{3}{9}$$

$$=\dfrac{6}{9}-\dfrac{3}{9}$$

$$=\dfrac{6-3}{9}=\dfrac{3}{9}$$

(방법 2) $\dfrac{8}{9}-\dfrac{2}{9}-\dfrac{3}{9}=\dfrac{8-2-3}{9}=\dfrac{3}{9}$

(2) (방법 1) $\dfrac{14}{15}-\dfrac{6}{15}-\dfrac{4}{15}=\left(\dfrac{14}{15}-\dfrac{6}{15}\right)-\dfrac{4}{15}$

$$=\dfrac{14-6}{15}-\dfrac{4}{15}$$

$$=\dfrac{8}{15}-\dfrac{4}{15}$$

$$=\dfrac{8-4}{15}=\dfrac{4}{15}$$

(방법 2) $\dfrac{14}{15}-\dfrac{6}{15}-\dfrac{4}{15}=\dfrac{14-6-4}{15}=\dfrac{4}{15}$

7 $1=\dfrac{2}{5}+\dfrac{3}{5}$입니다.

$1=\dfrac{7}{12}+\square$이므로

$\square=1-\dfrac{7}{12}=\dfrac{12}{12}-\dfrac{7}{12}=\dfrac{12-7}{12}=\dfrac{5}{12}$

$1=\dfrac{1}{7}+\square+\dfrac{3}{7}$이므로

$\square=1-\dfrac{1}{7}-\dfrac{3}{7}=\dfrac{7}{7}-\dfrac{1}{7}-\dfrac{3}{7}$

$=\dfrac{7-1-3}{7}=\dfrac{3}{7}$

1		
$\dfrac{2}{5}$		$\dfrac{3}{5}$
$\dfrac{7}{12}$		$\dfrac{5}{12}$
$\dfrac{1}{7}$	$\dfrac{3}{7}$	$\dfrac{3}{7}$

$1 = \dfrac{7}{12} + \dfrac{\square}{12}$ 에서 $\dfrac{12}{12} = \dfrac{7+\square}{12}$ 이므로

$12 = 7 + \square$ 입니다.

따라서 $\square = 5$ 입니다.

$1 = \dfrac{1}{7} + \dfrac{\square}{7} + \dfrac{3}{7}$ 에서 $\dfrac{7}{7} = \dfrac{1+\square+3}{7}$ 이므로

$7 = 1 + \square + 3$ 입니다.

따라서 $\square = 3$ 입니다.

8 $\dfrac{7}{8} - \dfrac{4}{8} = \dfrac{7-4}{8} = \dfrac{3}{8}$

$\dfrac{5}{8} - \dfrac{1}{8} = \dfrac{5-1}{8} = \dfrac{4}{8}$

$\dfrac{11}{14} - \dfrac{8}{14} = \dfrac{11-8}{14} = \dfrac{3}{14}$

$\dfrac{9}{14} - \dfrac{5}{14} = \dfrac{9-5}{14} = \dfrac{4}{14}$

$\dfrac{13}{14} - \dfrac{5}{14} - \dfrac{4}{14} = \dfrac{13-5-4}{14} = \dfrac{4}{14}$

$\dfrac{4}{14} - \dfrac{1}{14} = \dfrac{4-1}{14} = \dfrac{3}{14}$

$\dfrac{5}{8} - \dfrac{2}{8} = \dfrac{5-2}{8} = \dfrac{3}{8}$

$\dfrac{7}{8} - \dfrac{1}{8} - \dfrac{2}{8} = \dfrac{7-1-2}{8} = \dfrac{4}{8}$

따라서 같은 분수끼리 선을 그어 연결하면 다음과 같습니다.

$\dfrac{7}{8} - \dfrac{4}{8}$ •	• $\dfrac{13}{14} - \dfrac{5}{14} - \dfrac{4}{14}$
$\dfrac{5}{8} - \dfrac{1}{8}$ •	• $\dfrac{4}{14} - \dfrac{1}{14}$
$\dfrac{11}{14} - \dfrac{8}{14}$ •	• $\dfrac{5}{8} - \dfrac{2}{8}$
$\dfrac{9}{14} - \dfrac{5}{14}$ •	• $\dfrac{7}{8} - \dfrac{1}{8} - \dfrac{2}{8}$

9 (1) $\dfrac{6}{7} - \dfrac{2}{7} = \dfrac{6-2}{7} = \dfrac{4}{7}$

(2) $\dfrac{11}{12} - \dfrac{5}{12} = \dfrac{11-5}{12} = \dfrac{6}{12}$

(3) $\dfrac{15}{17} - \dfrac{7}{17} - \dfrac{4}{17} = \dfrac{15-7-4}{17} = \dfrac{4}{17}$

(4) $\dfrac{14}{23} - \dfrac{8}{23} - \dfrac{3}{23} = \dfrac{14-8-3}{23} = \dfrac{3}{23}$

10 (1) $\dfrac{2}{9} = \dfrac{7}{9} - \dfrac{\square}{9} = \dfrac{7-\square}{9}$ 이므로

$2 = 7 - \square$ 에서 $\square = 7 - 2 = 5$ 입니다.

(2) $\dfrac{4}{11} = \dfrac{\square}{11} - \dfrac{5}{11} = \dfrac{\square-5}{11}$ 이므로

$4 = \square - 5$ 에서 $\square = 4 + 5 = 9$ 입니다.

(3) $\dfrac{2}{13} = \dfrac{5}{13} - \dfrac{\square}{\square}$ 에서

$\dfrac{\square}{\square} = \dfrac{5}{13} - \dfrac{2}{13} = \dfrac{3}{13}$ 입니다.

(4) $\dfrac{5}{15} = \dfrac{4}{15} + \dfrac{8}{15} - \dfrac{\square}{\square}$

$\dfrac{\square}{\square} = \dfrac{4}{15} + \dfrac{8}{15} - \dfrac{5}{15}$

$= \dfrac{4+8-5}{15} = \dfrac{7}{15}$

11 (1) $\dfrac{5}{7} - \dfrac{2}{7} = \dfrac{5-2}{7} = \dfrac{3}{7}$

(2) $\dfrac{7}{9} - \dfrac{3}{9} = \dfrac{7-3}{9} = \dfrac{4}{9}$

(3) $\dfrac{4}{9} - \dfrac{2}{9} = \dfrac{4-2}{9} = \dfrac{2}{9}$

12 어떤 수를 $\square$라 하면

어떤 수에서 $\dfrac{2}{9}$를 빼야 할 것을 잘못하여 더했더니 $\dfrac{7}{9}$이 되었으므로

$\square + \dfrac{2}{9} = \dfrac{7}{9}$, $\square = \dfrac{7}{9} - \dfrac{2}{9} = \dfrac{5}{9}$

바르게 계산하면

$\dfrac{5}{9} - \dfrac{2}{9} = \dfrac{5-2}{9} = \dfrac{3}{9}$

13 • 두 진분수는 분모가 7입니다.

분모가 7인 진분수는 $\dfrac{1}{7}$, $\dfrac{2}{7}$, $\dfrac{3}{7}$, $\dfrac{4}{7}$, $\dfrac{5}{7}$, $\dfrac{6}{7}$입니다.

• 두 진분수의 합은 $\dfrac{5}{7}$이고 차는 $\dfrac{1}{7}$입니다.

합이 $\dfrac{5}{7}$인 두 진분수는 $\dfrac{1}{7}$과 $\dfrac{4}{7}$, $\dfrac{2}{7}$와 $\dfrac{3}{7}$입니다.

이때 차가 $\dfrac{1}{7}$인 두 진분수는 $\dfrac{2}{7}$와 $\dfrac{3}{7}$입니다.

따라서 두 진분수 중에서 큰 진분수는 $\dfrac{3}{7}$입니다.

14 $\dfrac{7}{8} - \dfrac{3}{8} - \dfrac{2}{8} = \dfrac{7-3-2}{8} = \dfrac{2}{8}$ (kg)

자연수와 진분수의 덧셈 · 뺄셈

 바로! 확인문제   본문 p. 35

1 (1)

$$2+\frac{1}{4}=2\frac{1}{4}$$

(2)

$$3+\frac{3}{5}=3\frac{3}{5}$$

2 (1)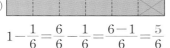

$$1-\frac{1}{6}=\frac{6}{6}-\frac{1}{6}=\frac{6-1}{6}=\frac{5}{6}$$

(2)

$$1-\frac{2}{7}=\frac{7}{7}-\frac{2}{7}=\frac{7-2}{7}=\frac{5}{7}$$

3 (1) $2-\dfrac{2}{3}=\dfrac{6}{3}-\dfrac{2}{3}=\dfrac{6-2}{3}=\dfrac{4}{3}$

(2) $3-\dfrac{4}{5}=\dfrac{15}{5}-\dfrac{4}{5}=\dfrac{15-4}{5}=\dfrac{11}{5}$

4 (1) $3-\dfrac{1}{3}=(2+1)-\dfrac{1}{3}=2+\left(1-\dfrac{1}{3}\right)$

$\qquad\qquad =2+\left(\dfrac{3}{3}-\dfrac{1}{3}\right)=2+\dfrac{2}{3}$

$\qquad\qquad =2\dfrac{2}{3}$

(2) $4-\dfrac{2}{5}=(3+1)-\dfrac{2}{5}=3+\left(1-\dfrac{2}{5}\right)$

$\qquad\qquad =3+\left(\dfrac{5}{5}-\dfrac{2}{5}\right)=3+\dfrac{3}{5}$

$\qquad\qquad =3\dfrac{3}{5}$

본문 p. 36

기본문제 배운 개념 적용하기

1 (1)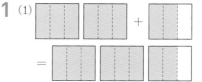

$$2+\frac{2}{3}=2\frac{2}{3}$$

(2)

$$3-\frac{3}{5}=2\frac{2}{5}$$

2 (1)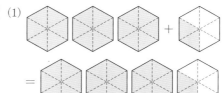

$$3+\frac{2}{6}=3\frac{2}{6}$$

(2)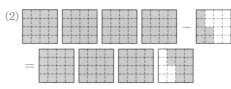

$$4-\frac{6}{16}=3\frac{10}{16}$$

3 (1) $1+\dfrac{3}{5}=1\dfrac{3}{5}$

(2) $1-\dfrac{3}{5}=\dfrac{2}{5}$

4 (1)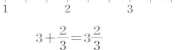

$$3+\frac{2}{3}=3\frac{2}{3}$$

(2)

$$4-\frac{2}{3}=3\frac{1}{3}$$

5 (1) $1+\frac{2}{3}=1\frac{2}{3}$

(2) $2+\frac{1}{5}+\frac{3}{5}=2+\left(\frac{1}{5}+\frac{3}{5}\right)=2+\frac{1+3}{5}$

$$=2+\frac{4}{5}=2\frac{4}{5}$$

(3) $3-\frac{1}{4}-\frac{2}{4}=\frac{12}{4}-\frac{1}{4}-\frac{2}{4}$

$$=\frac{12-1-2}{4}=\frac{9}{4}=2\frac{1}{4}$$

(4) $4-\frac{3}{5}+\frac{2}{5}=\frac{20}{5}-\frac{3}{5}+\frac{2}{5}=\frac{20-3+2}{5}$

$$=\frac{19}{5}=3\frac{4}{5}$$

| 다른풀이 |

(3) $3-\frac{1}{4}-\frac{2}{4}=2+1-\frac{1}{4}-\frac{2}{4}$

$$=2+\frac{4}{4}-\frac{1}{4}-\frac{2}{4}$$

$$=2+\frac{4-1-2}{4}$$

$$=2+\frac{1}{4}=2\frac{1}{4}$$

(4) $4-\frac{3}{5}+\frac{2}{5}=3+1-\frac{3}{5}+\frac{2}{5}$

$$=3+\frac{5}{5}-\frac{3}{5}+\frac{2}{5}$$

$$=3+\frac{5-3+2}{5}$$

$$=3+\frac{4}{5}=3\frac{4}{5}$$

본문 p. 38

발전문제 배운 개념 응용하기

1 (1)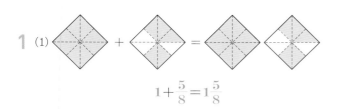

$$1+\frac{5}{8}=1\frac{5}{8}$$

(2)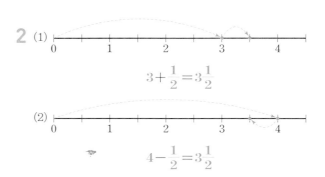

$$2-\frac{9}{12}=1\frac{3}{12}$$

2 (1)

$$3+\frac{1}{2}=3\frac{1}{2}$$

(2)

$$4-\frac{1}{2}=3\frac{1}{2}$$

3 2는 $\frac{1}{7}$이 14개, $\frac{3}{7}$은 $\frac{1}{7}$이 3개이므로

$2-\frac{3}{7}$은 $\frac{1}{7}$이 $11(=14-3)$개입니다.

따라서 $2-\frac{3}{7}=\frac{11}{7}=1\frac{4}{7}$입니다.

4 (1) $2+\frac{\square}{\square}=2\frac{3}{4}=2+\frac{3}{4}$이므로

$\frac{\square}{\square}=\frac{3}{4}$입니다.

(2) $1-\frac{\square}{\square}=\frac{5}{7}$에서 $\frac{7}{7}-\frac{\square}{\square}=\frac{5}{7}$이므로

$\frac{\square}{\square}=\frac{7}{7}-\frac{5}{7}=\frac{2}{7}$입니다.

(3) $\frac{3}{4}+\frac{\square}{4}=1+\frac{1}{4}=\frac{4}{4}+\frac{1}{4}=\frac{5}{4}$에서

$\frac{3+\square}{4}=\frac{5}{4}$이므로 $3+\square=5$입니다.

따라서 $\square=5-3=2$입니다.

(4) $\frac{\square}{9}+\frac{4}{9}=1-\frac{3}{9}=\frac{9}{9}-\frac{3}{9}=\frac{6}{9}$에서

$\frac{\square+4}{9}=\frac{6}{9}$이므로 $\square+4=6$입니다.

따라서 $\square=6-4=2$입니다.

5 (1) $2-\dfrac{1}{3}=1+\left(1-\dfrac{1}{3}\right)=1+\left(\dfrac{3}{3}-\dfrac{1}{3}\right)$

$\qquad =1+\dfrac{2}{3}=1\dfrac{2}{3}$

(2) $3-\dfrac{2}{7}=2+\left(1-\dfrac{2}{7}\right)=2+\left(\dfrac{7}{7}-\dfrac{2}{7}\right)$

$\qquad =2+\dfrac{5}{7}=2\dfrac{5}{7}$

(3) $5-\dfrac{4}{9}=4+\left(1-\dfrac{4}{9}\right)=4+\left(\dfrac{9}{9}-\dfrac{4}{9}\right)$

$\qquad =4+\dfrac{5}{9}=4\dfrac{5}{9}$

(4) $7-\dfrac{8}{11}=6+\left(1-\dfrac{8}{11}\right)=6+\left(\dfrac{11}{11}-\dfrac{8}{11}\right)$

$\qquad =6+\dfrac{3}{11}=6\dfrac{3}{11}$

6 $2-\dfrac{5}{8}=\dfrac{16}{8}-\dfrac{5}{8}=\dfrac{16-5}{8}=\dfrac{11}{8}$

$2+\dfrac{2}{8}=\dfrac{16}{8}+\dfrac{2}{8}=\dfrac{16+2}{8}=\dfrac{18}{8}$

$2-\dfrac{5}{8}<\square<2+\dfrac{2}{8}$에서

$\dfrac{11}{8}<\square<\dfrac{18}{8}$이므로 $\square=\dfrac{12}{8},\ \dfrac{13}{8},\ \dfrac{14}{8},\ \dfrac{15}{8},\ \dfrac{16}{8},$

$\dfrac{17}{8}$ 입니다.

이것을 대분수로 고치면 $1\dfrac{4}{8},\ 1\dfrac{5}{8},\ 1\dfrac{6}{8},\ 1\dfrac{7}{8},\ 2,\ 2\dfrac{1}{8}$

입니다.

따라서 $\square$ 안에 들어갈 수 있는 분수는 $1\dfrac{5}{8},\ 1\dfrac{7}{8},$

$2\dfrac{1}{8}$ 입니다.

7 (1) $2+\dfrac{1}{3}=2\dfrac{1}{3}$

(2) $3+\dfrac{2}{5}+\dfrac{4}{5}=\dfrac{15}{5}+\dfrac{2}{5}+\dfrac{4}{5}$

$\qquad =\dfrac{15+2+4}{5}$

$\qquad =\dfrac{21}{5}=4\dfrac{1}{5}$

(3) $5-\dfrac{1}{7}-\dfrac{3}{7}=\dfrac{35}{7}-\dfrac{1}{7}-\dfrac{3}{7}$

$\qquad =\dfrac{35-1-3}{7}$

$\qquad =\dfrac{31}{7}=4\dfrac{3}{7}$

(4) $7+\dfrac{3}{9}-\dfrac{4}{9}=\dfrac{63}{9}+\dfrac{3}{9}-\dfrac{4}{9}$

$\qquad =\dfrac{63+3-4}{9}$

$\qquad =\dfrac{62}{9}=6\dfrac{8}{9}$

| 다른풀이 |

(3) $5-\dfrac{1}{7}-\dfrac{3}{7}=4+1-\dfrac{1}{7}-\dfrac{3}{7}$

$\qquad =4+\left(\dfrac{7}{7}-\dfrac{1}{7}-\dfrac{3}{7}\right)$

$\qquad =4+\dfrac{7-1-3}{7}$

$\qquad =4+\dfrac{3}{7}$

$\qquad =4\dfrac{3}{7}$

8 (1) $1-\dfrac{3}{11}=\dfrac{11}{11}-\dfrac{3}{11}=\dfrac{11-3}{11}=\dfrac{8}{11}$

(2) $\dfrac{1}{7}$이 7개인 수는 $\dfrac{7}{7}$이고 $\dfrac{1}{7}$이 3개인 수는 $\dfrac{3}{7}$입니다.

따라서 두 수의 차는 $\dfrac{7}{7}-\dfrac{3}{7}=\dfrac{4}{7}$ 입니다.

(3) $1-\dfrac{2}{9}=\dfrac{9}{9}-\dfrac{2}{9}=\dfrac{9-2}{9}=\dfrac{7}{9}$ 입니다.

9 (이등변삼각형 ㄱㄴㄷ의 세 변의 길이의 합)
$\quad =$(변 ㄱㄴ의 길이)$+$(변 ㄱㄷ의 길이)
$\qquad +$(변 ㄴㄷ의 길이)

에서 $1=\dfrac{2}{7}+\dfrac{2}{7}+$(변 ㄴㄷ의 길이)이므로

(변 ㄴㄷ의 길이)$=1-\dfrac{2}{7}-\dfrac{2}{7}$

$\qquad\qquad\qquad =\dfrac{7}{7}-\dfrac{2}{7}-\dfrac{2}{7}$

$\qquad\qquad\qquad =\dfrac{7-2-2}{7}=\dfrac{3}{7}$ (cm)

| 다른풀이 |

$1=\dfrac{2}{7}+\dfrac{2}{7}+\dfrac{\square}{7}$에서 $\dfrac{7}{7}=\dfrac{2+2+\square}{7}$이므로

$7=2+2+\square$입니다.

따라서 $\square=3$입니다.

10 (가로의 길이)−(세로의 길이)

$$=1-\frac{4}{7}=\frac{7}{7}-\frac{4}{7}$$

$$=\frac{7-4}{7}=\frac{3}{7}\,(\text{cm})$$

11 (이어 붙인 종이테이프의 전체 길이)

$$=2+1-\frac{2}{7}$$

$$=\frac{14}{7}+\frac{7}{7}-\frac{2}{7}$$

$$=\frac{14+7-2}{7}$$

$$=\frac{19}{7}=2\frac{5}{7}\,(\text{cm})$$

| 다른풀이 |

(이어 붙인 종이테이프의 전체 길이)

$$=2+1-\frac{2}{7}$$

$$=2+\left(\frac{7}{7}-\frac{2}{7}\right)$$

$$=2+\frac{5}{7}$$

$$=2\frac{5}{7}\,(\text{cm})$$

12 (일주일 후의 서정이의 몸무게)

$$=35-\frac{2}{10}-\frac{3}{10}$$

$$=(34+1)-\frac{2}{10}-\frac{3}{10}$$

$$=34+\left(1-\frac{2}{10}-\frac{3}{10}\right)$$

$$=34+\left(\frac{10}{10}-\frac{2}{10}-\frac{3}{10}\right)$$

$$=34+\frac{10-2-3}{10}$$

$$=34+\frac{5}{10}$$

$$=34\frac{5}{10}\,(\text{kg})$$

받아올림이 없는 대분수의 덧셈

바로! 확인문제
본문 p. 43

1 (1)

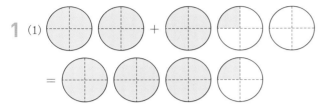

$$2+1\frac{1}{4}=3\frac{1}{4}$$

(2)

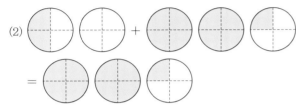

$$\frac{2}{4}+2\frac{1}{4}=2\frac{3}{4}$$

(3)

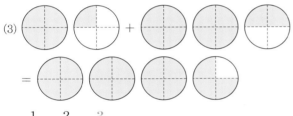

$$1\frac{1}{4}+2\frac{2}{4}=3\frac{3}{4}$$

2 (1) $1+2\frac{1}{2}=(1+2)+\frac{1}{2}$

(2) $\frac{1}{3}+2\frac{1}{3}=2+\left(\frac{1}{3}+\frac{1}{3}\right)$

(3) $2\frac{1}{4}+3\frac{2}{4}=(2+3)+\left(\frac{1}{4}+\frac{2}{4}\right)$

3 (1) $2+1\frac{1}{2}=\frac{4}{2}+\frac{3}{2}$

(2) $1\frac{1}{3}+\frac{1}{3}=\frac{4}{3}+\frac{1}{3}$

(3) $1\frac{2}{4}+2\frac{1}{4}=\frac{6}{4}+\frac{9}{4}$

기본문제 배운 개념 적용하기

1 (1)

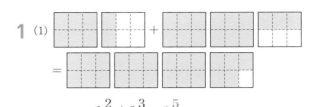

$$1\frac{2}{6}+2\frac{3}{6}=3\frac{5}{6}$$

(2)

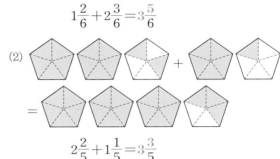

$$2\frac{2}{5}+1\frac{1}{5}=3\frac{3}{5}$$

2

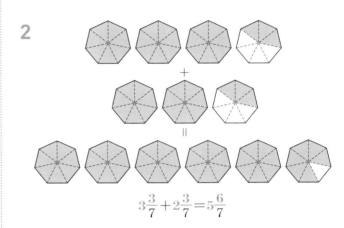

$$3\frac{3}{7}+2\frac{3}{7}=5\frac{6}{7}$$

3

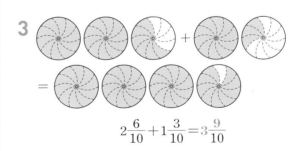

$$2\frac{6}{10}+1\frac{3}{10}=3\frac{9}{10}$$

4

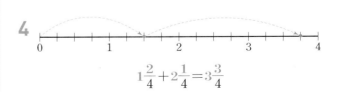

$$1\frac{2}{4}+2\frac{1}{4}=3\frac{3}{4}$$

| 다른풀이 |

$$1\frac{2}{4}+\frac{9}{4}=\frac{6}{4}+\frac{9}{4}=\frac{15}{4}=3\frac{3}{4}$$

5 $1\dfrac{2}{5}$를 가분수로 고치면 $\dfrac{7}{5}$입니다.

$1\dfrac{2}{5}+\dfrac{1}{5}=\dfrac{7}{5}+\dfrac{1}{5}=\dfrac{8}{5}=1\dfrac{3}{5}$입니다.

6 (1) $2+3\dfrac{2}{4}=(2+3)+\dfrac{2}{4}=5\dfrac{2}{4}$

(2) $2\dfrac{1}{5}+\dfrac{3}{5}=2+\left(\dfrac{1}{5}+\dfrac{3}{5}\right)=2\dfrac{4}{5}$

(3) $\dfrac{2}{7}+4\dfrac{3}{7}=4+\left(\dfrac{2}{7}+\dfrac{3}{7}\right)=4\dfrac{5}{7}$

(4) $\dfrac{4}{9}+1\dfrac{3}{9}=1+\left(\dfrac{4}{9}+\dfrac{3}{9}\right)=1\dfrac{7}{9}$

| 다른풀이 |

(1) $2+3\dfrac{2}{4}=\dfrac{8}{4}+\dfrac{14}{4}=\dfrac{22}{4}=5\dfrac{2}{4}$

(2) $2\dfrac{1}{5}+\dfrac{3}{5}=\dfrac{11}{5}+\dfrac{3}{5}=\dfrac{14}{5}=2\dfrac{4}{5}$

(3) $\dfrac{2}{7}+4\dfrac{3}{7}=\dfrac{2}{7}+\dfrac{31}{7}=\dfrac{33}{7}=4\dfrac{5}{7}$

(4) $\dfrac{4}{9}+1\dfrac{3}{9}=\dfrac{4}{9}+\dfrac{12}{9}=\dfrac{16}{9}=1\dfrac{7}{9}$

7 (1) $2+4\dfrac{3}{5}=(2+4)+\dfrac{3}{5}=6\dfrac{3}{5}$

(2) $3\dfrac{4}{7}+2\dfrac{1}{7}=(3+2)+\left(\dfrac{4}{7}+\dfrac{1}{7}\right)=5\dfrac{5}{7}$

(3) $\dfrac{12}{9}+\dfrac{19}{9}=\dfrac{31}{9}=3\dfrac{4}{9}$

(4) $\dfrac{24}{11}+\dfrac{29}{11}=\dfrac{53}{11}=4\dfrac{9}{11}$

| 다른풀이 |

(1) $2+4\dfrac{3}{5}=\dfrac{10}{5}+\dfrac{23}{5}=\dfrac{33}{5}=6\dfrac{3}{5}$

(2) $3\dfrac{4}{7}+2\dfrac{1}{7}=\dfrac{25}{7}+\dfrac{15}{7}=\dfrac{40}{7}=5\dfrac{5}{7}$

(3) $\dfrac{12}{9}+\dfrac{19}{9}=1\dfrac{3}{9}+2\dfrac{1}{9}$

$\qquad\qquad=(1+2)+\left(\dfrac{3}{9}+\dfrac{1}{9}\right)=3\dfrac{4}{9}$

(4) $\dfrac{24}{11}+\dfrac{29}{11}=2\dfrac{2}{11}+2\dfrac{7}{11}$

$\qquad\qquad=(2+2)+\left(\dfrac{2}{11}+\dfrac{7}{11}\right)=4\dfrac{9}{11}$

발전문제 배운 개념 응용하기

1 (1)
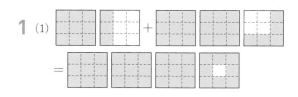

$1\dfrac{3}{9}+2\dfrac{5}{9}=3\dfrac{8}{9}$

(2)
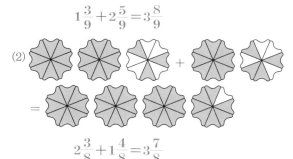

$2\dfrac{3}{8}+1\dfrac{4}{8}=3\dfrac{7}{8}$

2
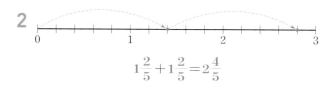

$1\dfrac{2}{5}+1\dfrac{2}{5}=2\dfrac{4}{5}$

| 다른풀이 |

$1\dfrac{2}{5}+\dfrac{7}{5}=\dfrac{7}{5}+\dfrac{7}{5}=\dfrac{14}{5}=2\dfrac{4}{5}$

3 (1) $2+1\dfrac{1}{3}=\dfrac{6}{3}+\dfrac{4}{3}=\dfrac{10}{3}=3\dfrac{1}{3}$

(2) $2\dfrac{1}{5}+3\dfrac{2}{5}=\dfrac{11}{5}+\dfrac{17}{5}=\dfrac{28}{5}=5\dfrac{3}{5}$

(3) $3\dfrac{3}{7}+4\dfrac{2}{7}=\dfrac{24}{7}+\dfrac{30}{7}=\dfrac{54}{7}=7\dfrac{5}{7}$

4 (1) $3+2\dfrac{1}{4}=(3+2)+\dfrac{1}{4}=5\dfrac{1}{4}$

(2) $1\dfrac{2}{6}+3\dfrac{3}{6}=(1+3)+\left(\dfrac{2}{6}+\dfrac{3}{6}\right)=4\dfrac{5}{6}$

(3) $2\dfrac{3}{8}+4\dfrac{4}{8}=(2+4)+\left(\dfrac{3}{8}+\dfrac{4}{8}\right)=6\dfrac{7}{8}$

5 (1) $\square+\dfrac{2}{5}=2\dfrac{3}{5}$ 에서

$\square=2\dfrac{3}{5}-\dfrac{2}{5}=2+\left(\dfrac{3}{5}-\dfrac{2}{5}\right)=2\dfrac{1}{5}$

(2) $\square+2\dfrac{3}{7}=6\dfrac{5}{7}$ 에서

$\square=6\dfrac{5}{7}-2\dfrac{3}{7}=(6-2)+\left(\dfrac{5}{7}-\dfrac{3}{7}\right)$

$=4\dfrac{2}{7}$

(3) $\square+4\dfrac{7}{11}=6\dfrac{9}{11}$ 에서

$\square=6\dfrac{9}{11}-4\dfrac{7}{11}=(6-4)+\left(\dfrac{9}{11}-\dfrac{7}{11}\right)$

$=2\dfrac{2}{11}$

| 다른풀이 |

(1) $\square+\dfrac{2}{5}=2\dfrac{3}{5}$ 에서 $\dfrac{\bigcirc}{5}+\dfrac{2}{5}=\dfrac{13}{5}$ 이므로

$\bigcirc+2=13$ 입니다.

따라서 $\bigcirc=11$ 이고 $\dfrac{11}{5}=2\dfrac{1}{5}$ 입니다.

(2) $\square+2\dfrac{3}{7}=6\dfrac{5}{7}$ 에서 $\dfrac{\bigcirc}{7}+\dfrac{17}{7}=\dfrac{47}{7}$ 이므로

$\bigcirc+17=47$ 입니다.

따라서 $\bigcirc=30$ 이고 $\dfrac{30}{7}=4\dfrac{2}{7}$ 입니다.

(3) $\square+4\dfrac{7}{11}=6\dfrac{9}{11}$ 에서 $\dfrac{\bigcirc}{11}+\dfrac{51}{11}=\dfrac{75}{11}$ 이므로

$\bigcirc+51=75$ 입니다.

따라서 $\bigcirc=24$ 이고 $\dfrac{24}{11}=2\dfrac{2}{11}$ 입니다.

6 (1) $2\dfrac{1}{5}+3\dfrac{3}{5}=(2+3)+\left(\dfrac{1}{5}+\dfrac{3}{5}\right)=5\dfrac{4}{5}$

$4\dfrac{2}{5}+1\dfrac{2}{5}=(4+1)+\left(\dfrac{2}{5}+\dfrac{2}{5}\right)=5\dfrac{4}{5}$

따라서 $2\dfrac{1}{5}+3\dfrac{3}{5}=4\dfrac{2}{5}+1\dfrac{2}{5}$ 입니다.

(2) $2\dfrac{1}{7}+\dfrac{5}{7}=2+\left(\dfrac{1}{7}+\dfrac{5}{7}\right)=2\dfrac{6}{7}$

$1\dfrac{5}{7}+2=(1+2)+\dfrac{5}{7}=3\dfrac{5}{7}$

따라서 $2\dfrac{1}{7}+\dfrac{5}{7}<1\dfrac{5}{7}+2$ 입니다.

(3) $3\dfrac{4}{9}+1\dfrac{3}{9}=(3+1)+\left(\dfrac{4}{9}+\dfrac{3}{9}\right)=4\dfrac{7}{9}$

$3\dfrac{4}{9}+\dfrac{13}{9}=3\dfrac{4}{9}+1\dfrac{4}{9}$

$=(3+1)+\left(\dfrac{4}{9}+\dfrac{4}{9}\right)=4\dfrac{8}{9}$

따라서 $3\dfrac{4}{9}+1\dfrac{3}{9}<3\dfrac{4}{9}+\dfrac{13}{9}$ 입니다.

| 다른풀이 |

(3) $1\dfrac{3}{9}=\dfrac{12}{9}$ 이고 $\dfrac{12}{9}<\dfrac{13}{9}$ 이므로

$3\dfrac{4}{9}+1\dfrac{3}{9}<3\dfrac{4}{9}+\dfrac{13}{9}$ 입니다.

7 $2\dfrac{1}{7}+1\dfrac{2}{7}=(2+1)+\left(\dfrac{1}{7}+\dfrac{2}{7}\right)=3\dfrac{3}{7}$ 입니다.

$2\dfrac{1}{7}+\dfrac{18}{7}=2\dfrac{1}{7}+2\dfrac{4}{7}=(2+2)+\left(\dfrac{1}{7}+\dfrac{4}{7}\right)$

$=4\dfrac{5}{7}$

$\dfrac{22}{7}+1\dfrac{2}{7}=\dfrac{22}{7}+\dfrac{9}{7}=\dfrac{31}{7}=4\dfrac{3}{7}$

$\dfrac{22}{7}+\dfrac{18}{7}=\dfrac{40}{7}=5\dfrac{5}{7}$

따라서 빈 칸에 알맞은 대분수를 써넣으면 다음과 같습니다.

$+$	$1\dfrac{2}{7}$	$\dfrac{18}{7}$
$2\dfrac{1}{7}$	$3\dfrac{3}{7}$	$4\dfrac{5}{7}$
$\dfrac{22}{7}$	$4\dfrac{3}{7}$	$5\dfrac{5}{7}$

| 다른풀이 |

$2\dfrac{1}{7}+\dfrac{18}{7}=\dfrac{15}{7}+\dfrac{18}{7}=\dfrac{33}{7}=4\dfrac{5}{7}$

$\dfrac{22}{7}+1\dfrac{2}{7}=3\dfrac{1}{7}+1\dfrac{2}{7}$

$=(3+1)+\left(\dfrac{1}{7}+\dfrac{2}{7}\right)$

$=4\dfrac{3}{7}$

$\dfrac{22}{7}+\dfrac{18}{7}=3\dfrac{1}{7}+2\dfrac{4}{7}$

$=(3+2)+\left(\dfrac{1}{7}+\dfrac{4}{7}\right)$

$=5\dfrac{5}{7}$

8 (1) $3+4\dfrac{3}{7}=(3+4)+\dfrac{3}{7}=7\dfrac{3}{7}$

(2) $3\dfrac{2}{9}+6\dfrac{5}{9}=(3+6)+\left(\dfrac{2}{9}+\dfrac{5}{9}\right)=9\dfrac{7}{9}$

(3) $2\dfrac{3}{11}+3\dfrac{4}{11}+\dfrac{14}{11}$

$\quad =2\dfrac{3}{11}+3\dfrac{4}{11}+1\dfrac{3}{11}$

$\quad =(2+3+1)+\left(\dfrac{3}{11}+\dfrac{4}{11}+\dfrac{3}{11}\right)$

$\quad =6\dfrac{10}{11}$

(4) $1\dfrac{2}{13}+2\dfrac{3}{13}+3\dfrac{5}{13}$

$\quad =(1+2+3)+\left(\dfrac{2}{13}+\dfrac{3}{13}+\dfrac{5}{13}\right)$

$\quad =6\dfrac{10}{13}$

9 만들 수 있는 분모가 9인 가장 큰 대분수는 $6\dfrac{5}{9}$이고

만들 수 있는 분모가 9인 가장 작은 대분수는 $2\dfrac{3}{9}$입니다.

따라서 두 대분수의 합은

$6\dfrac{5}{9}+2\dfrac{3}{9}=(6+2)+\left(\dfrac{5}{9}+\dfrac{3}{9}\right)=8\dfrac{8}{9}$

10 $2\dfrac{5}{8}=\dfrac{21}{8}$이고 분모가 8인 가분수는 분자가 8이거나 8보다 큰 분수입니다.

이때 그 합이 $\dfrac{21}{8}$이고 분모가 8인 세 쌍의 가분수는 $\dfrac{8}{8}$과 $\dfrac{13}{8}$, $\dfrac{9}{8}$와 $\dfrac{12}{8}$, $\dfrac{10}{8}$과 $\dfrac{11}{8}$입니다.

따라서 세 쌍의 가분수 중에서 가장 큰 가분수는 $\dfrac{13}{8}$입니다.

11 $2\dfrac{2}{10}+3\dfrac{\square}{10}=(2+3)+\left(\dfrac{2}{10}+\dfrac{\square}{10}\right)$

$\qquad\qquad =5\dfrac{2+\square}{10}$

이므로 $5\dfrac{3}{10}<2\dfrac{2}{10}+3\dfrac{\square}{10}<5\dfrac{9}{10}$에서

$5\dfrac{3}{10}<5\dfrac{2+\square}{10}<5\dfrac{9}{10}$입니다.

이때 $3<2+\square<9$이므로 $\square=2$, 3, 4, 5, 6입니다.

따라서 $\square$ 안에 들어갈 수 있는 수는 모두 5개입니다.

12 $2\dfrac{3}{7}+1\dfrac{2}{7}+\dfrac{1}{7}=(2+1)+\left(\dfrac{3}{7}+\dfrac{2}{7}+\dfrac{1}{7}\right)$

$\qquad\qquad\qquad =3\dfrac{6}{7}$

따라서 집에서 숙소까지 가기 위해 걸린 시간은 $3\dfrac{6}{7}$시간입니다.

받아올림이 있는 대분수의 덧셈

 바로! 확인문제

본문 p. 51

1

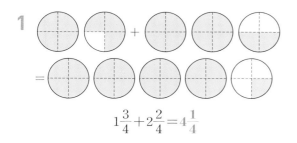

$$1\frac{3}{4}+2\frac{2}{4}=4\frac{1}{4}$$

2 (1) $1\frac{1}{2}+2\frac{1}{2}=(1+2)+\left(\frac{1}{2}+\frac{1}{2}\right)$

(2) $2\frac{2}{3}+1\frac{2}{3}=(2+1)+\left(\frac{2}{3}+\frac{2}{3}\right)$

(3) $1\frac{3}{4}+5\frac{2}{4}=(1+5)+\left(\frac{3}{4}+\frac{2}{4}\right)$

3 $2\frac{3}{5}+1\frac{4}{5}=(2+1)+\left(\frac{3}{5}+\frac{4}{5}\right)$

$$=3+\frac{7}{5}=3+1\frac{2}{5}$$

$$=(3+1)+\frac{2}{5}=4+\frac{2}{5}$$

$$=4\frac{2}{5}$$

4 $3\frac{2}{4}+2\frac{3}{4}=\frac{14}{4}+\frac{11}{4}=\frac{14+11}{4}$

$$=\frac{25}{4}=6\frac{1}{4}$$

본문 p. 52

 기본문제 배운 개념 적용하기

1 (1)

$$2\frac{4}{6}+1\frac{4}{6}=4\frac{2}{6}$$

(2)

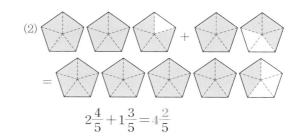

$$2\frac{4}{5}+1\frac{3}{5}=4\frac{2}{5}$$

2

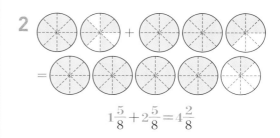

$$1\frac{5}{8}+2\frac{5}{8}=4\frac{2}{8}$$

3

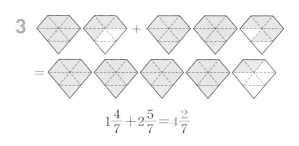

$$1\frac{4}{7}+2\frac{5}{7}=4\frac{2}{7}$$

4

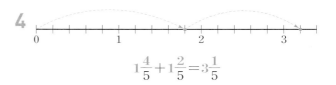

$$1\frac{4}{5}+1\frac{2}{5}=3\frac{1}{5}$$

| 다른풀이 |

$$1\frac{4}{5}+\frac{7}{5}=\frac{9}{5}+\frac{7}{5}=\frac{16}{5}=3\frac{1}{5}$$

5 $4\frac{2}{7}=\frac{30}{7}$ 이므로 $\frac{1}{7}$ 이 30개입니다.

$2\frac{5}{7}=\frac{19}{7}$ 이므로 $\frac{1}{7}$ 이 19개입니다.

따라서 $4\frac{2}{7}$ 와 $2\frac{5}{7}$ 의 합은 $\frac{1}{7}$ 이 $49(=30+19)$개입니다.

| 다른풀이 |

$4\frac{2}{7}+2\frac{5}{7}=\frac{30}{7}+\frac{19}{7}=\frac{30+19}{7}=\frac{49}{7}$ 이므로

$4\frac{2}{7}$ 와 $2\frac{5}{7}$ 의 합은 $\frac{1}{7}$ 이 49개입니다.

6 (1) 대분수는 자연수와 진분수의 합으로 이루어져 있

으므로 $\bigcirc\dfrac{\square}{5}$에서 $\dfrac{\square}{5}$는 진분수이고 $\square$는 1, 2,

3, 4 중의 하나입니다.

$$4=2\dfrac{3}{5}+\bigcirc\dfrac{\square}{5}=(2+\bigcirc)+\left(\dfrac{3}{5}+\dfrac{\square}{5}\right)$$

$$=(2+\bigcirc)+\dfrac{3+\square}{5}$$

에서 $3+\square=5$이어야 하므로 $\square=2$입니다.

$$4=(2+\bigcirc)+\dfrac{3+2}{5}$$

$$=(2+\bigcirc)+\dfrac{5}{5}$$

$$=2+\bigcirc+1$$

이므로 $\bigcirc=1$입니다.

따라서 $4=2\dfrac{3}{5}+1\dfrac{2}{5}$입니다.

(2) 대분수는 자연수와 진분수의 합으로 이루어져 있

으므로 $3\dfrac{\square}{7}$에서 $\dfrac{\square}{7}$는 진분수이고 $\square$는 1, 2, 3,

4, 5, 6 중의 하나입니다.

$$7=\bigcirc\dfrac{1}{7}+2\dfrac{2}{7}+3\dfrac{\square}{7}$$

$$=(\bigcirc+2+3)+\left(\dfrac{1}{7}+\dfrac{2}{7}+\dfrac{\square}{7}\right)$$

$$=(\bigcirc+2+3)+\dfrac{1+2+\square}{7}$$

에서 $1+2+\square=7$이어야 하므로 $\square=4$입니다.

$$7=(\bigcirc+2+3)+\dfrac{1+2+4}{7}$$

$$=(\bigcirc+2+3)+\dfrac{7}{7}$$

$$=\bigcirc+2+3+1$$

이므로 $\bigcirc=1$입니다.

따라서 $7=1\dfrac{1}{7}+2\dfrac{2}{7}+3\dfrac{4}{7}$입니다.

| 다른풀이 |

(1) $4=2\dfrac{3}{5}+\dfrac{\square}{5}$에서

$$\dfrac{\square}{5}=4-2\dfrac{3}{5}=3\dfrac{5}{5}-2\dfrac{3}{5}$$

$$=(3-2)+\left(\dfrac{5}{5}-\dfrac{3}{5}\right)$$

$$=1+\dfrac{2}{5}=1\dfrac{2}{5}$$

7 (1) $3\dfrac{1}{4}+\dfrac{3}{4}=3+\left(\dfrac{1}{4}+\dfrac{3}{4}\right)=3+\dfrac{4}{4}$

$$=3+1=4$$

(2) $1\dfrac{2}{5}+\dfrac{8}{5}=1+\left(\dfrac{2}{5}+\dfrac{8}{5}\right)=1+\dfrac{10}{5}$

$$=1+2=3$$

(3) $\dfrac{12}{7}+3\dfrac{2}{7}=3+\left(\dfrac{12}{7}+\dfrac{2}{7}\right)=3+\dfrac{14}{7}$

$$=3+2=5$$

(4) $\dfrac{22}{9}+\dfrac{14}{9}=2\dfrac{4}{9}+1\dfrac{5}{9}$

$$=(2+1)+\left(\dfrac{4}{9}+\dfrac{5}{9}\right)$$

$$=3+\dfrac{9}{9}=3+1=4$$

| 다른풀이 |

(1) $3\dfrac{1}{4}+\dfrac{3}{4}=\dfrac{13}{4}+\dfrac{3}{4}=\dfrac{16}{4}=4$

(2) $1\dfrac{2}{5}+\dfrac{8}{5}=\dfrac{7}{5}+\dfrac{8}{5}=\dfrac{15}{5}=3$

(3) $\dfrac{12}{7}+3\dfrac{2}{7}=\dfrac{12}{7}+\dfrac{23}{7}=\dfrac{35}{7}=5$

(4) $\dfrac{22}{9}+\dfrac{14}{9}=\dfrac{36}{9}=4$

8 (1) $3\dfrac{4}{5}+2\dfrac{3}{5}=(3+2)+\left(\dfrac{4}{5}+\dfrac{3}{5}\right)$

$$=5+\dfrac{7}{5}=5+1\dfrac{2}{5}$$

$$=(5+1)+\dfrac{2}{5}=6\dfrac{2}{5}$$

(2) $2\dfrac{4}{7}+3\dfrac{4}{7}=(2+3)+\left(\dfrac{4}{7}+\dfrac{4}{7}\right)$

$$=5+\dfrac{8}{7}=5+1\dfrac{1}{7}$$

$$=(5+1)+\dfrac{1}{7}=6\dfrac{1}{7}$$

(3) $\dfrac{13}{9}+\dfrac{24}{9}=1\dfrac{4}{9}+2\dfrac{6}{9}$

$$=(1+2)+\left(\dfrac{4}{9}+\dfrac{6}{9}\right)$$

$$=3+\dfrac{10}{9}=3+1\dfrac{1}{9}$$

$$=(3+1)+\dfrac{1}{9}=4\dfrac{1}{9}$$

$(4)\ \dfrac{26}{11}+\dfrac{31}{11}=2\dfrac{4}{11}+2\dfrac{9}{11}$

$\qquad\qquad\quad=(2+2)+\left(\dfrac{4}{11}+\dfrac{9}{11}\right)$

$\qquad\qquad\quad=4+\dfrac{13}{11}=4+1\dfrac{2}{11}$

$\qquad\qquad\quad=(4+1)+\dfrac{2}{11}=5\dfrac{2}{11}$

| 다른풀이 |

$(1)\ 3\dfrac{4}{5}+2\dfrac{3}{5}=\dfrac{19}{5}+\dfrac{13}{5}=\dfrac{32}{5}=6\dfrac{2}{5}$

$(2)\ 2\dfrac{4}{7}+3\dfrac{4}{7}=\dfrac{18}{7}+\dfrac{25}{7}=\dfrac{43}{7}=6\dfrac{1}{7}$

$(3)\ \dfrac{13}{9}+\dfrac{24}{9}=\dfrac{37}{9}=4\dfrac{1}{9}$

$(4)\ \dfrac{26}{11}+\dfrac{31}{11}=\dfrac{57}{11}=5\dfrac{2}{11}$

본문 p. 54

발전문제 배운 개념 응용하기

1 (1)

$1\dfrac{7}{9}+2\dfrac{4}{9}=4\dfrac{2}{9}$

(2)

$2\dfrac{6}{8}+1\dfrac{4}{8}=4\dfrac{2}{8}$

2 $(1)\ 1\dfrac{2}{5}+\dfrac{4}{5}=\dfrac{7}{5}+\dfrac{4}{5}=\dfrac{7+4}{5}$

$\qquad\qquad\quad=\dfrac{11}{5}=2\dfrac{1}{5}$

$(2)\ 2\dfrac{3}{8}+3\dfrac{5}{8}=\dfrac{19}{8}+\dfrac{29}{8}=\dfrac{19+29}{8}$

$\qquad\qquad\quad=\dfrac{48}{8}=6$

$(3)\ 3\dfrac{5}{11}+4\dfrac{9}{11}=\dfrac{38}{11}+\dfrac{53}{11}=\dfrac{38+53}{11}$

$\qquad\qquad\quad=\dfrac{91}{11}=8\dfrac{3}{11}$

3 $(1)\ 2\dfrac{3}{5}+\dfrac{3}{5}=2+\left(\dfrac{3}{5}+\dfrac{3}{5}\right)$

$\qquad\qquad\quad=2+\dfrac{6}{5}=2+1\dfrac{1}{5}$

$\qquad\qquad\quad=(2+1)+\dfrac{1}{5}=3\dfrac{1}{5}$

$(2)\ 1\dfrac{4}{7}+3\dfrac{5}{7}=(1+3)+\left(\dfrac{4}{7}+\dfrac{5}{7}\right)$

$\qquad\qquad\quad=4+\dfrac{9}{7}=4+1\dfrac{2}{7}$

$\qquad\qquad\quad=(4+1)+\dfrac{2}{7}=5\dfrac{2}{7}$

$(3)\ 2\dfrac{7}{9}+4\dfrac{4}{9}=(2+4)+\left(\dfrac{7}{9}+\dfrac{4}{9}\right)$

$\qquad\qquad\quad=6+\dfrac{11}{9}=6+1\dfrac{2}{9}$

$\qquad\qquad\quad=(6+1)+\dfrac{2}{9}=7\dfrac{2}{9}$

4 $3\dfrac{3}{5}+2\dfrac{4}{5}=(3+2)+\left(\dfrac{3}{5}+\dfrac{4}{5}\right)$

$\qquad\qquad=5+\dfrac{7}{5}=5+1\dfrac{2}{5}$

$\qquad\qquad=(5+1)+\dfrac{2}{5}=6\dfrac{2}{5}$

$4\dfrac{5}{10}+5\dfrac{7}{10}=(4+5)+\left(\dfrac{5}{10}+\dfrac{7}{10}\right)$

$\qquad\qquad=9+\dfrac{12}{10}=9+1\dfrac{2}{10}$

$\qquad\qquad=(9+1)+\dfrac{2}{10}=10\dfrac{2}{10}$

| 다른풀이 |

$3\dfrac{3}{5}+2\dfrac{4}{5}=\dfrac{18}{5}+\dfrac{14}{5}=\dfrac{18+14}{5}$

$\qquad\qquad=\dfrac{32}{5}=6\dfrac{2}{5}$

$4\dfrac{5}{10}+5\dfrac{7}{10}=\dfrac{45}{10}+\dfrac{57}{10}=\dfrac{45+57}{10}$

$\qquad\qquad=\dfrac{102}{10}=10\dfrac{2}{10}$

5 가장 큰 수는 $4\dfrac{9}{12}$ 이고 가장 작은 수는 $3\dfrac{7}{12}$ 입니다.

따라서 가장 큰 수와 가장 작은 수의 합은

$4\dfrac{9}{12}+3\dfrac{7}{12}=(4+3)+\left(\dfrac{9}{12}+\dfrac{7}{12}\right)$

$\qquad\qquad=7+\dfrac{16}{12}=7+1\dfrac{4}{12}$

$\qquad\qquad=(7+1)+\dfrac{4}{12}=8\dfrac{4}{12}$

$$4\frac{9}{12}+3\frac{7}{12}=\frac{57}{12}+\frac{43}{12}=\frac{57+43}{12}$$
$$=\frac{100}{12}=8\frac{4}{12}$$

6 (1) $\square-\frac{3}{5}=3\frac{2}{5}$ 에서

$\square=3\frac{2}{5}+\frac{3}{5}=3+\left(\frac{2}{5}+\frac{3}{5}\right)$

$=3+\frac{5}{5}=3+1=4$

(2) $\square-2\frac{6}{8}=1\frac{3}{8}$ 에서

$\square=1\frac{3}{8}+2\frac{6}{8}=(1+2)+\left(\frac{3}{8}+\frac{6}{8}\right)$

$=3+\frac{9}{8}=3+1\frac{1}{8}$

$=(3+1)+\frac{1}{8}=4\frac{1}{8}$

(3) $\square-3\frac{9}{11}=2\frac{4}{11}$ 에서

$\square=2\frac{4}{11}+3\frac{9}{11}=(2+3)+\left(\frac{4}{11}+\frac{9}{11}\right)$

$=5+\frac{13}{11}=5+1\frac{2}{11}$

$=(5+1)+\frac{2}{11}=6\frac{2}{11}$

7 $2\frac{3}{7}+3\frac{5}{7}=2\frac{2}{7}+\square$ 에서

$\square=2\frac{3}{7}+3\frac{5}{7}-2\frac{2}{7}$

$=(2+3-2)+\left(\frac{3}{7}+\frac{5}{7}-\frac{2}{7}\right)$

$=3+\frac{3+5-2}{7}=3+\frac{6}{7}$

$=3\frac{6}{7}$

| 다른풀이 |

$\square=2\frac{3}{7}+3\frac{5}{7}-2\frac{2}{7}$

$=\frac{17}{7}+\frac{26}{7}-\frac{16}{7}$

$=\frac{17+26-16}{7}$

$=\frac{27}{7}=3\frac{6}{7}$

8
$$\begin{array}{ccccc} 0 & & 1 & \uparrow & \uparrow & 2 \end{array}$$

첫 번째 $\uparrow$ 가 나타내는 분수는 $1\frac{2}{6}$ 이고 두 번째 $\uparrow$ 가

나타내는 분수는 $1\frac{5}{6}$ 이다.

따라서 두 분수의 합은

$1\frac{2}{6}+1\frac{5}{6}=(1+1)+\left(\frac{2}{6}+\frac{5}{6}\right)$

$=2+\frac{7}{6}=2+1\frac{1}{6}$

$=(2+1)+\frac{1}{6}=3\frac{1}{6}$

| 다른풀이 |

$1\frac{2}{6}+1\frac{5}{6}=\frac{8}{6}+\frac{11}{6}=\frac{8+11}{6}$

$=\frac{19}{6}=3\frac{1}{6}$

9 분모가 9인 가분수 중에서 $\frac{8}{9}$ 보다 크고 $\frac{12}{9}$ 보다 작

은 분수는 $\frac{9}{9}$, $\frac{10}{9}$, $\frac{11}{9}$ 입니다.

따라서 이 세 분수들의 합은

$\frac{9}{9}+\frac{10}{9}+\frac{11}{9}=\frac{9+10+11}{9}$

$=\frac{30}{9}=3\frac{3}{9}$

| 다른풀이 |

$\frac{9}{9}+\frac{10}{9}+\frac{11}{9}=1+1\frac{1}{9}+1\frac{2}{9}$

$=(1+1+1)+\left(\frac{1}{9}+\frac{2}{9}\right)$

$=3+\frac{3}{9}=3\frac{3}{9}$

10 (1) $4\frac{4}{5}+1\frac{2}{5}=(4+1)+\left(\frac{4}{5}+\frac{2}{5}\right)$

$=5+\frac{6}{5}=5+1\frac{1}{5}$

$=(5+1)+\frac{1}{5}$

$=6\frac{1}{5}$

$$2\frac{3}{5}+3\frac{4}{5}=(2+3)+\left(\frac{3}{5}+\frac{4}{5}\right)$$

$$=5+\frac{7}{5}=5+1\frac{2}{5}$$

$$=(5+1)+\frac{2}{5}$$

$$=6\frac{2}{5}$$

따라서 $4\frac{4}{5}+1\frac{2}{5}<2\frac{3}{5}+3\frac{4}{5}$ 입니다.

(2) $3+2\frac{2}{7}=(3+2)+\frac{2}{7}=5\frac{2}{7}$

$$1\frac{6}{7}+3\frac{4}{7}=(1+3)+\left(\frac{6}{7}+\frac{4}{7}\right)$$

$$=4+\frac{10}{7}=4+1\frac{3}{7}$$

$$=(4+1)+\frac{3}{7}=5\frac{3}{7}$$

따라서 $3+2\frac{2}{7}<1\frac{6}{7}+3\frac{4}{7}$ 입니다.

(3) $1\frac{4}{9}+3\frac{4}{9}=(1+3)+\left(\frac{4}{9}+\frac{4}{9}\right)$

$$=4+\frac{8}{9}=4\frac{8}{9}$$

$$\frac{31}{9}+1\frac{3}{9}=3\frac{4}{9}+1\frac{3}{9}$$

$$=(3+1)+\left(\frac{4}{9}+\frac{3}{9}\right)$$

$$=4+\frac{7}{9}=4\frac{7}{9}$$

따라서 $1\frac{4}{9}+3\frac{4}{9}>\frac{31}{9}+1\frac{3}{9}$ 입니다.

11 (1) $2\frac{5}{6}+4\frac{3}{6}=(2+4)+\left(\frac{5}{6}+\frac{3}{6}\right)$

$$=6+\frac{8}{6}=6+1\frac{2}{6}$$

$$=(6+1)+\frac{2}{6}=7\frac{2}{6}$$

(2) $2\frac{5}{8}+3\frac{4}{8}+\frac{35}{8}$

$$=2\frac{5}{8}+3\frac{4}{8}+4\frac{3}{8}$$

$$=(2+3+4)+\left(\frac{5}{8}+\frac{4}{8}+\frac{3}{8}\right)$$

$$=9+\frac{12}{8}=9+1\frac{4}{8}$$

$$=(9+1)+\frac{4}{8}=10\frac{4}{8}$$

(3) $\frac{14}{10}+\frac{25}{10}+3\frac{6}{10}$

$$=1\frac{4}{10}+2\frac{5}{10}+3\frac{6}{10}$$

$$=(1+2+3)+\left(\frac{4}{10}+\frac{5}{10}+\frac{6}{10}\right)$$

$$=6+\frac{15}{10}=6+1\frac{5}{10}$$

$$=(6+1)+\frac{5}{10}=7\frac{5}{10}$$

(4) $\frac{20}{12}+\frac{25}{12}+\frac{30}{12}$

$$=1\frac{8}{12}+2\frac{1}{12}+2\frac{6}{12}$$

$$=(1+2+2)+\left(\frac{8}{12}+\frac{1}{12}+\frac{6}{12}\right)$$

$$=5+\frac{15}{12}=5+1\frac{3}{12}$$

$$=(5+1)+\frac{3}{12}=6\frac{3}{12}$$

| 다른풀이 |

(1) $2\frac{5}{6}+4\frac{3}{6}=\frac{17}{6}+\frac{27}{6}$

$$=\frac{17+27}{6}$$

$$=\frac{44}{6}=7\frac{2}{6}$$

(2) $2\frac{5}{8}+3\frac{4}{8}+\frac{35}{8}$

$$=\frac{21}{8}+\frac{28}{8}+\frac{35}{8}$$

$$=\frac{21+28+35}{8}$$

$$=\frac{84}{8}=10\frac{4}{8}$$

(3) $\frac{14}{10}+\frac{25}{10}+3\frac{6}{10}$

$$=\frac{14}{10}+\frac{25}{10}+\frac{36}{10}$$

$$=\frac{14+25+36}{10}$$

$$=\frac{75}{10}=7\frac{5}{10}$$

(4) $\frac{20}{12}+\frac{25}{12}+\frac{30}{12}$

$$=\frac{20+25+30}{12}$$

$$=\frac{75}{12}=6\frac{3}{12}$$

12 숫자 카드 4장 중에서 4장을 모두 뽑아 만들 수 있는 분모가 8인 대분수 중에서 큰 대분수 2개는 $7\frac{5}{8}$와 $6\frac{4}{8}$의 한 쌍과 $7\frac{4}{8}$와 $6\frac{5}{8}$의 한 쌍입니다.

따라서 두 대분수의 합은

$$7\frac{5}{8}+6\frac{4}{8}=(7+6)+\left(\frac{5}{8}+\frac{4}{8}\right)$$
$$=13+\frac{9}{8}=13+1\frac{1}{8}$$
$$=(13+1)+\frac{1}{8}=14\frac{1}{8}$$

$$7\frac{4}{8}+6\frac{5}{8}=(7+6)+\left(\frac{4}{8}+\frac{5}{8}\right)$$
$$=13+\frac{9}{8}=14\frac{1}{8}$$

따라서 두 대분수의 합 중에서 가장 큰 값은 $14\frac{1}{8}$ 입니다.

| 다른풀이 |

$$7\frac{5}{8}+6\frac{4}{8}=\frac{61}{8}+\frac{52}{8}=\frac{61+52}{8}$$
$$=\frac{113}{8}=14\frac{1}{8}$$

$$7\frac{4}{8}+6\frac{5}{8}=\frac{60}{8}+\frac{53}{8}=\frac{60+53}{8}$$
$$=\frac{113}{8}=14\frac{1}{8}$$

13 $● ♡ ■ = ● + ■ + 1$이므로
$$2\frac{5}{7} ♡ 3\frac{4}{7}=2\frac{5}{7}+3\frac{4}{7}+1$$
$$=(2+3+1)+\left(\frac{5}{7}+\frac{4}{7}\right)$$
$$=6+\frac{9}{7}=6+1\frac{2}{7}$$
$$=(6+1)+\frac{2}{7}=7\frac{2}{7}$$

| 다른풀이 |

$$2\frac{5}{7} ♡ 3\frac{4}{7}=2\frac{5}{7}+3\frac{4}{7}+1$$
$$=\frac{19}{7}+\frac{25}{7}+\frac{7}{7}$$
$$=\frac{19+25+7}{7}=\frac{51}{7}$$
$$=7\frac{2}{7}$$

14 정사각형은 네 변의 길이가 모두 같으므로 서정이가 정사각형을 만드는데 사용한 철사의 길이는

$$4\frac{6}{7}+4\frac{6}{7}+4\frac{6}{7}+4\frac{6}{7}$$
$$=(4+4+4+4)+\left(\frac{6}{7}+\frac{6}{7}+\frac{6}{7}+\frac{6}{7}\right)$$
$$=16+\frac{24}{7}=16+3\frac{3}{7}$$
$$=(16+3)+\frac{3}{7}=19\frac{3}{7}$$

직사각형은 가로와 세로가 모두 2개이므로 상현이가 직사각형을 만드는데 사용한 철사의 길이는

$$3\frac{4}{7}+3\frac{4}{7}+2\frac{5}{7}+2\frac{5}{7}$$
$$=(3+3+2+2)+\left(\frac{4}{7}+\frac{4}{7}+\frac{5}{7}+\frac{5}{7}\right)$$
$$=10+\frac{18}{7}=10+2\frac{4}{7}$$
$$=(10+2)+\frac{4}{7}=12\frac{4}{7}$$

따라서 서정이와 상현이가 사용한 철사의 길이는

$$19\frac{3}{7}+12\frac{4}{7}=(19+12)+\left(\frac{3}{7}+\frac{4}{7}\right)$$
$$=31+\frac{7}{7}=31+1=32\text{(cm)}$$

DAY 07 받아내림이 없는 대분수의 뺄셈

바로! 확인문제

본문 p. 59

1

$$2\frac{2}{3}-1\frac{1}{3}=1\frac{1}{3}$$

2

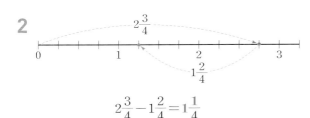

$$2\frac{3}{4}-1\frac{2}{4}=1\frac{1}{4}$$

3 (1) $4-2\frac{1}{3}=3\frac{3}{3}-2\frac{1}{3}$

(2) $5-3\frac{2}{4}=4\frac{4}{4}-3\frac{2}{4}$

4 $3\frac{4}{5}-1\frac{2}{5}=(3-1)+\left(\frac{4}{5}-\frac{2}{5}\right)$

$$=2+\frac{2}{5}=2\frac{2}{5}$$

5 $4\frac{3}{4}-3\frac{2}{4}=\left(\frac{16}{4}+\frac{3}{4}\right)-\left(\frac{12}{4}+\frac{2}{4}\right)$

$$=\frac{16+3}{4}-\frac{12+2}{4}$$

$$=\frac{19}{4}-\frac{14}{4}=\frac{19-14}{4}$$

$$=\frac{5}{4}=1\frac{1}{4}$$

기본문제 배운 개념 적용하기

1 (1)

 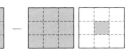

$$2\frac{8}{9}-1\frac{1}{9}=1\frac{7}{9}$$

(2)

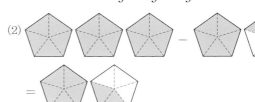

$$3-1\frac{3}{5}=1\frac{2}{5}$$

2 (1)

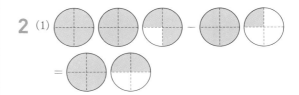

$$2\frac{3}{4}-1\frac{1}{4}=1\frac{2}{4}$$

(2)

$$2-1\frac{2}{6}=\frac{4}{6}$$

3

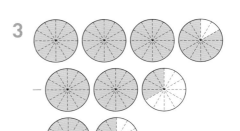

$$3\frac{10}{12}-2\frac{4}{12}=1\frac{6}{12}$$

4

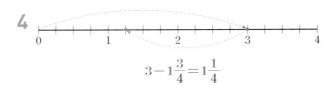

$$3-1\frac{3}{4}=1\frac{1}{4}$$

| 다른풀이 |

$$3-\frac{7}{4}=\frac{12}{4}-\frac{7}{4}=\frac{5}{4}=1\frac{1}{4}$$

5 $3\frac{4}{5}$는 $\frac{1}{5}$이 19개, $2\frac{3}{5}$은 $\frac{1}{5}$이 13개이므로

$3\frac{4}{5}-2\frac{3}{5}$은 $\frac{1}{5}$이 $6(=19-13)$개입니다.

따라서 $3\frac{4}{5}-2\frac{3}{5}=\frac{6}{5}=1\frac{1}{5}$입니다.

| 다른풀이 |

$3\frac{4}{5}-2\frac{3}{5}=\frac{19}{5}-\frac{13}{5}=\frac{6}{5}=1\frac{1}{5}$

6 $1\frac{2}{3}+3\frac{1}{3}=(1+3)+\left(\frac{2}{3}+\frac{1}{3}\right)=4+\frac{3}{3}$

$\qquad\qquad =4+1=5$

$2\frac{3}{5}+\square=5$에서

$\square=5-2\frac{3}{5}=(4+1)-2\frac{3}{5}$

$\quad=4+\frac{5}{5}-2\frac{3}{5}$

$\quad=(4-2)+\left(\frac{5}{5}-\frac{3}{5}\right)$

$\quad=2+\frac{2}{5}=2\frac{2}{5}$

$\frac{2}{7}+\square+2\frac{3}{7}=5$에서

$\square=5-\frac{2}{7}-2\frac{3}{7}$

$\quad=(4+1)-\frac{2}{7}-2\frac{3}{7}$

$\quad=4+\frac{7}{7}-\frac{2}{7}-2\frac{3}{7}$

$\quad=4+\left(\frac{7}{7}-\frac{2}{7}\right)-2\frac{3}{7}$

$\quad=4+\frac{5}{7}-2\frac{3}{7}$

$\quad=(4-2)+\left(\frac{5}{7}-\frac{3}{7}\right)$

$\quad=2+\frac{2}{7}=2\frac{2}{7}$

따라서 빈 칸에 알맞은 대분수를 써넣으면 다음과 같습니다.

5	
$1\frac{2}{3}$	$3\frac{1}{3}$
$2\frac{3}{5}$	$2\frac{2}{5}$
$\frac{2}{7}$ / $2\frac{2}{7}$	$2\frac{3}{7}$

| 다른풀이 |

$2\frac{3}{5}+\square=5$에서

$\square=5-2\frac{3}{5}=\frac{25}{5}-\frac{13}{5}=\frac{12}{5}=2\frac{2}{5}$

$\frac{2}{7}+\square+2\frac{3}{7}=5$에서

$\square=5-\frac{2}{7}-2\frac{3}{7}$

$\quad=\frac{35}{7}-\frac{2}{7}-\frac{17}{7}=\frac{35-2-17}{7}$

$\quad=\frac{16}{7}=2\frac{2}{7}$

7 (1) $3\frac{2}{4}-2\frac{1}{4}=(3-2)+\left(\frac{2}{4}-\frac{1}{4}\right)$

$\qquad\qquad =1+\frac{1}{4}=1\frac{1}{4}$

(2) $4\frac{3}{5}-1\frac{2}{5}=(4-1)+\left(\frac{3}{5}-\frac{2}{5}\right)$

$\qquad\qquad =3+\frac{1}{5}=3\frac{1}{5}$

(3) $5-3\frac{4}{7}=\left(4+\frac{7}{7}\right)-3\frac{4}{7}$

$\qquad\qquad =(4-3)+\left(\frac{7}{7}-\frac{4}{7}\right)$

$\qquad\qquad =1+\frac{3}{7}=1\frac{3}{7}$

(4) $6-4\frac{5}{9}=\left(5+\frac{9}{9}\right)-4\frac{5}{9}$

$\qquad\qquad =(5-4)+\left(\frac{9}{9}-\frac{5}{9}\right)$

$\qquad\qquad =1+\frac{4}{9}=1\frac{4}{9}$

| 다른풀이 |

(1) $3\frac{2}{4}-2\frac{1}{4}=\frac{14}{4}-\frac{9}{4}=\frac{14-9}{4}=\frac{5}{4}=1\frac{1}{4}$

(2) $4\frac{3}{5}-1\frac{2}{5}=\frac{23}{5}-\frac{7}{5}=\frac{23-7}{5}$

$\qquad\qquad =\frac{16}{5}=3\frac{1}{5}$

(3) $5-3\frac{4}{7}=\frac{35}{7}-\frac{25}{7}=\frac{35-25}{7}$

$\qquad\qquad =\frac{10}{7}=1\frac{3}{7}$

(4) $6-4\frac{5}{9}=\frac{54}{9}-\frac{41}{9}=\frac{54-41}{9}$

$\qquad\qquad =\frac{13}{9}=1\frac{4}{9}$

발전문제 배운 개념 응용하기

1 (1)
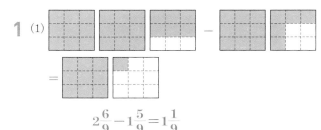

$$2\frac{6}{9}-1\frac{5}{9}=1\frac{1}{9}$$

(2)
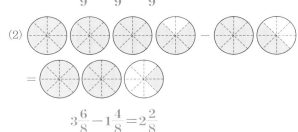

$$3\frac{6}{8}-1\frac{4}{8}=2\frac{2}{8}$$

2
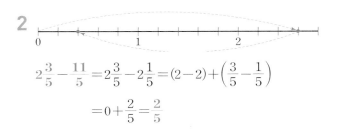

$$2\frac{3}{5}-\frac{11}{5}=2\frac{3}{5}-2\frac{1}{5}=(2-2)+\left(\frac{3}{5}-\frac{1}{5}\right)$$
$$=0+\frac{2}{5}=\frac{2}{5}$$

| 다른풀이 |

$$2\frac{3}{5}-\frac{11}{5}=\frac{13}{5}-\frac{11}{5}=\frac{13-11}{5}=\frac{2}{5}$$

3 (1) $3\frac{4}{5}-3\frac{2}{5}=(3-3)+\left(\frac{4}{5}-\frac{2}{5}\right)$
$$=0+\frac{2}{5}=\frac{2}{5}$$

(2) $6\frac{4}{7}-2\frac{4}{7}=(6-2)+\left(\frac{4}{7}-\frac{4}{7}\right)$
$$=4+0=4$$

| 다른풀이 |

(1) $3\frac{4}{5}-3\frac{2}{5}=\frac{19}{5}-\frac{17}{5}$
$$=\frac{19-17}{5}=\frac{2}{5}$$

(2) $6\frac{4}{7}-2\frac{4}{7}=\frac{46}{7}-\frac{18}{7}=\frac{28}{7}=4$

4 $\frac{1}{6}$이 26개인 수는 $\frac{26}{6}$이고 $2\frac{1}{6}=\frac{13}{6}$입니다.

따라서 두 수의 차는

$$\frac{26}{6}-\frac{13}{6}=\frac{26-13}{6}=\frac{13}{6}=2\frac{1}{6}$$

| 다른풀이 |

$\frac{1}{6}$이 26개인 수는 $\frac{26}{6}$입니다.

$$\frac{26}{6}-2\frac{1}{6}=4\frac{2}{6}-2\frac{1}{6}$$
$$=(4-2)+\left(\frac{2}{6}-\frac{1}{6}\right)$$
$$=2+\frac{1}{6}=2\frac{1}{6}$$

5 (1) $2\frac{3}{4}-1\frac{2}{4}=\frac{11}{4}-\frac{6}{4}=\frac{11-6}{4}$
$$=\frac{5}{4}=1\frac{1}{4}$$

(2) $4\frac{4}{7}-2\frac{1}{7}=\frac{32}{7}-\frac{15}{7}=\frac{32-15}{7}$
$$=\frac{17}{7}=2\frac{3}{7}$$

(3) $5-3\frac{4}{5}=\frac{25}{5}-\frac{19}{5}=\frac{25-19}{5}$
$$=\frac{6}{5}=1\frac{1}{5}$$

(4) $6-4\frac{7}{9}=\frac{54}{9}-\frac{43}{9}=\frac{54-43}{9}$
$$=\frac{11}{9}=1\frac{2}{9}$$

6 (1) $3\frac{3}{4}-1\frac{2}{4}=(3-1)+\left(\frac{3}{4}-\frac{2}{4}\right)$
$$=2+\frac{3-2}{4}=2+\frac{1}{4}=2\frac{1}{4}$$

(2) $5\frac{5}{6}-2\frac{3}{6}=(5-2)+\left(\frac{5}{6}-\frac{3}{6}\right)$
$$=3+\frac{5-3}{6}=3+\frac{2}{6}=3\frac{2}{6}$$

(3) $6\frac{7}{8}-4\frac{4}{8}=(6-4)+\left(\frac{7}{8}-\frac{4}{8}\right)$
$$=2+\frac{7-4}{8}=2+\frac{3}{8}=2\frac{3}{8}$$

7 (1) $3-1\dfrac{3}{6}=2\dfrac{6}{6}-1\dfrac{3}{6}$

$\qquad =(2-1)+\left(\dfrac{6}{6}-\dfrac{3}{6}\right)=1+\dfrac{3}{6}=1\dfrac{3}{6}$

(2) $5-3\dfrac{4}{9}=4\dfrac{9}{9}-3\dfrac{4}{9}$

$\qquad =(4-3)+\left(\dfrac{9}{9}-\dfrac{4}{9}\right)=1+\dfrac{5}{9}$

$\qquad =1\dfrac{5}{9}$

8 $5\dfrac{7}{9}-2\dfrac{4}{9}=(5-2)+\left(\dfrac{7}{9}-\dfrac{4}{9}\right)$

$\qquad =3+\dfrac{7-4}{9}=3+\dfrac{3}{9}=3\dfrac{3}{9}$

$\square-2\dfrac{4}{9}=3\dfrac{8}{9}$ 에서

$\square=3\dfrac{8}{9}+2\dfrac{4}{9}=(3+2)+\left(\dfrac{8}{9}+\dfrac{4}{9}\right)$

$\qquad =5+\dfrac{12}{9}=5+1\dfrac{3}{9}$

$\qquad =(5+1)+\dfrac{3}{9}=6\dfrac{3}{9}$

$5-2\dfrac{4}{9}=4\dfrac{9}{9}-2\dfrac{4}{9}$

$\qquad =(4-2)+\left(\dfrac{9}{9}-\dfrac{4}{9}\right)$

$\qquad =2+\dfrac{9-4}{9}=2+\dfrac{5}{9}=2\dfrac{5}{9}$

따라서 빈 칸에 알맞은 대분수를 써넣으면 다음과
같습니다.

9 (1) $2\dfrac{4}{7}-\dfrac{10}{7}=2\dfrac{4}{7}-1\dfrac{3}{7}$

$\qquad =(2-1)+\left(\dfrac{4}{7}-\dfrac{3}{7}\right)$

$\qquad =1+\dfrac{4-3}{7}=1+\dfrac{1}{7}=1\dfrac{1}{7}$

(2) $5\dfrac{4}{9}-3\dfrac{3}{9}+1\dfrac{2}{9}$

$\qquad =(5-3+1)+\left(\dfrac{4}{9}-\dfrac{3}{9}+\dfrac{2}{9}\right)$

$\qquad =3+\dfrac{4-3+2}{9}$

$\qquad =3+\dfrac{3}{9}=3\dfrac{3}{9}$

(3) $6-3\dfrac{8}{11}-\dfrac{13}{11}$

$\qquad =5\dfrac{11}{11}-3\dfrac{8}{11}-1\dfrac{2}{11}$

$\qquad =(5-3-1)+\left(\dfrac{11}{11}-\dfrac{8}{11}-\dfrac{2}{11}\right)$

$\qquad =1+\dfrac{1}{11}=1\dfrac{1}{11}$

(4) $7-\dfrac{12}{13}+2\dfrac{5}{13}$

$\qquad =6\dfrac{13}{13}-\dfrac{12}{13}+2\dfrac{5}{13}$

$\qquad =(6+2)+\left(\dfrac{13}{13}-\dfrac{12}{13}+\dfrac{5}{13}\right)$

$\qquad =8+\dfrac{13-12+5}{13}$

$\qquad =8+\dfrac{6}{13}=8\dfrac{6}{13}$

| 다른풀이 |

(1) $2\dfrac{4}{7}-\dfrac{10}{7}=\dfrac{18}{7}-\dfrac{10}{7}=\dfrac{18-10}{7}$

$\qquad =\dfrac{8}{7}=1\dfrac{1}{7}$

(2) $5\dfrac{4}{9}-3\dfrac{3}{9}+1\dfrac{2}{9}$

$\qquad =\dfrac{49}{9}-\dfrac{30}{9}+\dfrac{11}{9}$

$\qquad =\dfrac{49-30+11}{9}=\dfrac{30}{9}=3\dfrac{3}{9}$

(3) $6-3\dfrac{8}{11}-\dfrac{13}{11}$

$\qquad =\dfrac{66}{11}-\dfrac{41}{11}-\dfrac{13}{11}$

$\qquad =\dfrac{66-41-13}{11}=\dfrac{12}{11}=1\dfrac{1}{11}$

(4) $7-\dfrac{12}{13}+2\dfrac{5}{13}$

$\qquad =\dfrac{91}{13}-\dfrac{12}{13}+\dfrac{31}{13}$

$\qquad =\dfrac{91-12+31}{13}=\dfrac{110}{13}=8\dfrac{6}{13}$

10

$5\frac{7}{9}-2\frac{4}{9}+\frac{13}{9}$

$=5\frac{7}{9}-2\frac{4}{9}+1\frac{4}{9}$

$=(5-2+1)+\left(\frac{7}{9}-\frac{4}{9}+\frac{4}{9}\right)$

$=4+\frac{7}{9}$

$=4\frac{7}{9}$

$3\frac{2}{9}-\frac{10}{9}+2\frac{5}{9}$

$=3\frac{2}{9}-1\frac{1}{9}+2\frac{5}{9}$

$=(3-1+2)+\left(\frac{2}{9}-\frac{1}{9}+\frac{5}{9}\right)$

$=4+\frac{6}{9}=4\frac{6}{9}$

따라서 $5\frac{7}{9}-2\frac{4}{9}+\frac{13}{9}>3\frac{2}{9}-\frac{10}{9}+2\frac{5}{9}$ 입니다.

11 어떤 수를 □라 하면

$□+2\frac{3}{9}=5\frac{3}{9}$

$□=5\frac{3}{9}-2\frac{3}{9}$

$=(5-2)+\left(\frac{3}{9}-\frac{3}{9}\right)=3$

따라서 올바르게 계산하면

$3-2\frac{3}{9}=2\frac{9}{9}-2\frac{3}{9}$

$=(2-2)+\left(\frac{9}{9}-\frac{3}{9}\right)$

$=\frac{6}{9}$

12

$2\frac{9}{10}-\frac{6}{10}-1\frac{2}{10}$

$=(2-1)+\left(\frac{9}{10}-\frac{6}{10}-\frac{2}{10}\right)$

$=1+\frac{1}{10}=1\frac{1}{10}$

따라서 현재 남아 있는 우유의 양은 모두
$1\frac{1}{10}$ L입니다.

13

$2\frac{3}{7}-1\frac{2}{7}+\frac{13}{7}$

$=2\frac{3}{7}-1\frac{2}{7}+1\frac{6}{7}$

$=(2-1+1)+\left(\frac{3}{7}-\frac{2}{7}+\frac{6}{7}\right)$

$=2+\frac{7}{7}=2+1=3$

따라서 현재 남아 있는 물은 모두 3 L입니다.

14 두 끈을 묶기 전의 길이의 합은

$10\frac{3}{5}+9\frac{4}{5}$

$=(10+9)+\left(\frac{3}{5}+\frac{4}{5}\right)$

$=19+\frac{7}{5}=19+1\frac{2}{5}$

$=(19+1)+\frac{2}{5}=20\frac{2}{5}$

두 끈을 묶은 후의 길이와 묶기 전의 길이의 차는

$20\frac{2}{5}-16\frac{1}{5}=(20-16)+\left(\frac{2}{5}-\frac{1}{5}\right)$

$=4+\frac{1}{5}=4\frac{1}{5}$

따라서 두 끈을 묶은 후의 길이는 묶기 전의 길이
의 합보다 $4\frac{1}{5}$ m 줄었습니다.

받아내림이 있는 대분수의 뺄셈

본문 p. 67

 바로! 확인문제

1

$$2\frac{1}{3}-1\frac{2}{3}=\frac{2}{3}$$

2

$$3\frac{1}{4}-1\frac{3}{4}=1\frac{2}{4}$$

3 (1) $1\frac{2}{3}=1+\frac{2}{3}=\frac{3}{3}+\frac{2}{3}$

$$=\frac{3+2}{3}$$

$$=\frac{5}{3}$$

(2) $2\frac{3}{4}=2+\frac{3}{4}=(1+1)+\frac{3}{4}$

$$=1+\left(1+\frac{3}{4}\right)=1+\left(\frac{4}{4}+\frac{3}{4}\right)$$

$$=1+\frac{4+3}{4}=1\frac{4+3}{4}$$

$$=1\frac{7}{4}$$

4 $4\frac{2}{5}-1\frac{3}{5}=3\frac{5+2}{5}-1\frac{3}{5}=3\frac{7}{5}-1\frac{3}{5}$

$$=(3-1)+\left(\frac{7}{5}-\frac{3}{5}\right)$$

$$=2+\frac{4}{5}$$

$$=2\frac{4}{5}$$

5 $5\frac{1}{4}-2\frac{3}{4}=\left(5+\frac{1}{4}\right)-\left(2+\frac{3}{4}\right)$

$$=\left(\frac{20}{4}+\frac{1}{4}\right)-\left(\frac{8}{4}+\frac{3}{4}\right)$$

$$=\frac{20+1}{4}-\frac{8+3}{4}$$

$$=\frac{21}{4}-\frac{11}{4}=\frac{21-11}{4}$$

$$=\frac{10}{4}$$

$$=2\frac{2}{4}$$

본문 p. 68

기본문제 배운 개념 적용하기

1 (1)

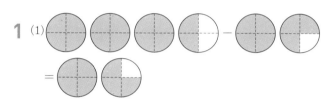

$$3\frac{2}{4}-1\frac{3}{4}=1\frac{3}{4}$$

(2)

$$2\frac{3}{9}-1\frac{6}{9}=\frac{6}{9}$$

2 (1)

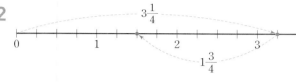

$$3\frac{1}{5}-\frac{4}{5}=2\frac{2}{5}$$

(2)

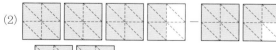

$$3\frac{4}{8}-1\frac{6}{8}=1\frac{6}{8}$$

3

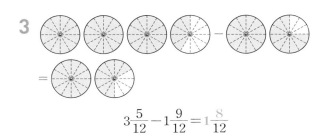

$$3\frac{5}{12}-1\frac{9}{12}=1\frac{8}{12}$$

4

$$3\frac{1}{5}-1\frac{3}{5}=1\frac{3}{5}$$

| 다른풀이 |

$$3\frac{1}{5}-\frac{8}{5}=\frac{16}{5}-\frac{8}{5}=\frac{16-8}{5}=\frac{8}{5}=1\frac{3}{5}$$

5 $3\frac{2}{5}$는 $\frac{1}{5}$이 17개, $2\frac{4}{5}$는 $\frac{1}{5}$이 14개이므로

$3\frac{2}{5}-2\frac{4}{5}$는 $\frac{1}{5}$이 $3(=17-14)$개입니다.

따라서 $3\frac{2}{5}-2\frac{4}{5}=\frac{3}{5}$입니다.

| 다른풀이 |

$$3\frac{2}{5}-2\frac{4}{5}=\frac{17}{5}-\frac{14}{5}=\frac{17-14}{5}=\frac{3}{5}$$

| 다른풀이 |

$$3\frac{2}{5}-2\frac{4}{5}=\left(2+1\frac{2}{5}\right)-2\frac{4}{5}$$
$$=\left(2+\frac{7}{5}\right)-2\frac{4}{5}$$
$$=(2-2)+\left(\frac{7}{5}-\frac{4}{5}\right)$$
$$=\frac{3}{5}$$

6 가장 큰 수는 $9\frac{1}{5}$이고 가장 작은 수는 $5\frac{3}{5}$입니다.

따라서 두 수의 차는

$$9\frac{1}{5}-5\frac{3}{5}=\left(8+1\frac{1}{5}\right)-5\frac{3}{5}$$
$$=\left(8+\frac{6}{5}\right)-5\frac{3}{5}$$
$$=(8-5)+\left(\frac{6}{5}-\frac{3}{5}\right)$$
$$=3+\frac{3}{5}$$
$$=3\frac{3}{5}$$

7 (1) $4\frac{1}{4}-1\frac{3}{4}=\left(3+1\frac{1}{4}\right)-1\frac{3}{4}$
$$=\left(3+\frac{5}{4}\right)-1\frac{3}{4}$$
$$=(3-1)+\left(\frac{5}{4}-\frac{3}{4}\right)$$
$$=2+\frac{2}{4}$$
$$=2\frac{2}{4}$$

(2) $5\frac{3}{5}-2\frac{4}{5}=\left(4+1\frac{3}{5}\right)-2\frac{4}{5}$
$$=\left(4+\frac{8}{5}\right)-2\frac{4}{5}$$
$$=(4-2)+\left(\frac{8}{5}-\frac{4}{5}\right)$$
$$=2+\frac{4}{5}$$
$$=2\frac{4}{5}$$

(3) $4\frac{1}{7}-\frac{5}{7}=\left(3+1\frac{1}{7}\right)-\frac{5}{7}$
$$=\left(3+\frac{8}{7}\right)-\frac{5}{7}$$
$$=3+\left(\frac{8}{7}-\frac{5}{7}\right)$$
$$=3+\frac{3}{7}$$
$$=3\frac{3}{7}$$

(4) $5\frac{3}{8}-\frac{23}{8}=\left(4+1\frac{3}{8}\right)-2\frac{7}{8}$
$$=\left(4+\frac{11}{8}\right)-2\frac{7}{8}$$
$$=(4-2)+\left(\frac{11}{8}-\frac{7}{8}\right)$$
$$=2+\frac{4}{8}$$
$$=2\frac{4}{8}$$

| 다른풀이 |

(1) $4\frac{1}{4}-1\frac{3}{4}=\frac{17}{4}-\frac{7}{4}=\frac{17-7}{4}$
$$=\frac{10}{4}=2\frac{2}{4}$$

(2) $5\frac{3}{5}-2\frac{4}{5}=\frac{28}{5}-\frac{14}{5}=\frac{28-14}{5}$
$$=\frac{14}{5}=2\frac{4}{5}$$

$(3)\ 4\dfrac{1}{7}-\dfrac{5}{7}=\dfrac{29}{7}-\dfrac{5}{7}=\dfrac{29-5}{7}$

$\qquad\qquad =\dfrac{24}{7}=3\dfrac{3}{7}$

$(4)\ 5\dfrac{3}{8}-\dfrac{23}{8}=\dfrac{43}{8}-\dfrac{23}{8}=\dfrac{43-23}{8}$

$\qquad\qquad =\dfrac{20}{8}=2\dfrac{4}{8}$

본문 p. 70

 발전문제 배운 개념 응용하기

1 (1)

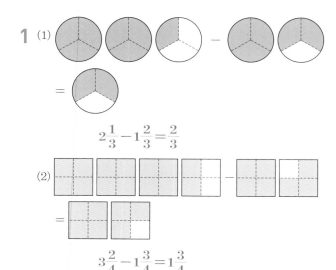

$2\dfrac{1}{3}-1\dfrac{2}{3}=\dfrac{2}{3}$

(2)

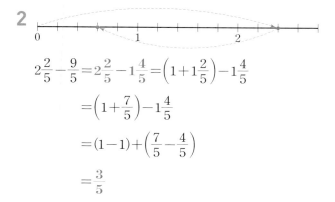

$3\dfrac{2}{4}-1\dfrac{3}{4}=1\dfrac{3}{4}$

2

$2\dfrac{2}{5}-\dfrac{9}{5}=2\dfrac{2}{5}-1\dfrac{4}{5}=\left(1+1\dfrac{2}{5}\right)-1\dfrac{4}{5}$

$\qquad\qquad =\left(1+\dfrac{7}{5}\right)-1\dfrac{4}{5}$

$\qquad\qquad =(1-1)+\left(\dfrac{7}{5}-\dfrac{4}{5}\right)$

$\qquad\qquad =\dfrac{3}{5}$

| 다른풀이 |

$2\dfrac{2}{5}-\dfrac{9}{5}=\dfrac{12}{5}-\dfrac{9}{5}=\dfrac{12-9}{5}=\dfrac{3}{5}$

3 $3\dfrac{2}{4}-1\dfrac{3}{4}$을 올바르게 계산하면

$3\dfrac{2}{4}-1\dfrac{3}{4}=\left(2+1\dfrac{2}{4}\right)-1\dfrac{3}{4}$

$\qquad\qquad =\left(2+\dfrac{6}{4}\right)-1\dfrac{3}{4}$

$\qquad\qquad =(2-1)+\left(\dfrac{6}{4}-\dfrac{3}{4}\right)$

$\qquad\qquad =1+\dfrac{3}{4}=1\dfrac{3}{4}$

철수 : $3-1=2$이지만 $\dfrac{2}{4}$가 $\dfrac{3}{4}$보다 작으므로 계산

결과는 2보다 작아야 합니다.

영희 : 뺄셈식을 덧셈식으로 나타내어 계산해 보면

$2\dfrac{1}{4}+1\dfrac{3}{4}=(2+1)+\left(\dfrac{1}{4}+\dfrac{3}{4}\right)$

$\qquad\qquad =3+\dfrac{4}{4}$

$\qquad\qquad =3+1=4$

이므로 계산이 잘못되었습니다.

4 $(1)\ 3\dfrac{1}{5}-1\dfrac{4}{5}=\dfrac{16}{5}-\dfrac{9}{5}$

$\qquad\qquad =\dfrac{16-9}{5}=\dfrac{7}{5}$

$\qquad\qquad =1\dfrac{2}{5}$

$(2)\ 5\dfrac{4}{7}-2\dfrac{6}{7}=\dfrac{39}{7}-\dfrac{20}{7}$

$\qquad\qquad =\dfrac{39-20}{7}=\dfrac{19}{7}$

$\qquad\qquad =2\dfrac{5}{7}$

$(3)\ 7\dfrac{2}{9}-\dfrac{7}{9}=\dfrac{65}{9}-\dfrac{7}{9}$

$\qquad\qquad =\dfrac{65-7}{9}=\dfrac{58}{9}$

$\qquad\qquad =6\dfrac{4}{9}$

$(4)\ 3\dfrac{5}{11}-\dfrac{14}{11}=\dfrac{38}{11}-\dfrac{14}{11}$

$\qquad\qquad =\dfrac{38-14}{11}=\dfrac{24}{11}$

$\qquad\qquad =2\dfrac{2}{11}$

5 (1) $3\dfrac{3}{6}-2\dfrac{5}{6}=\left(2+1\dfrac{3}{6}\right)-2\dfrac{5}{6}$

$\qquad\qquad\quad=\left(2+\dfrac{9}{6}\right)-2\dfrac{5}{6}$

$\qquad\qquad\quad=(2-2)+\left(\dfrac{9}{6}-\dfrac{5}{6}\right)$

$\qquad\qquad\quad=\dfrac{4}{6}$

(2) $5\dfrac{4}{7}-3\dfrac{5}{7}=\left(4+1\dfrac{4}{7}\right)-3\dfrac{5}{7}$

$\qquad\qquad\quad=\left(4+\dfrac{11}{7}\right)-3\dfrac{5}{7}$

$\qquad\qquad\quad=(4-3)+\left(\dfrac{11}{7}-\dfrac{5}{7}\right)=1+\dfrac{6}{7}$

$\qquad\qquad\quad=1\dfrac{6}{7}$

(3) $7\dfrac{2}{9}-\dfrac{30}{9}=7\dfrac{2}{9}-3\dfrac{3}{9}$

$\qquad\qquad\quad=\left(6+1\dfrac{2}{9}\right)-3\dfrac{3}{9}$

$\qquad\qquad\quad=\left(6+\dfrac{11}{9}\right)-3\dfrac{3}{9}$

$\qquad\qquad\quad=(6-3)+\left(\dfrac{11}{9}-\dfrac{3}{9}\right)$

$\qquad\qquad\quad=3+\dfrac{8}{9}$

$\qquad\qquad\quad=3\dfrac{8}{9}$

(4) $4\dfrac{2}{11}-\dfrac{16}{11}=4\dfrac{2}{11}-1\dfrac{5}{11}$

$\qquad\qquad\quad=\left(3+1\dfrac{2}{11}\right)-1\dfrac{5}{11}$

$\qquad\qquad\quad=\left(3+\dfrac{13}{11}\right)-1\dfrac{5}{11}$

$\qquad\qquad\quad=(3-1)+\left(\dfrac{13}{11}-\dfrac{5}{11}\right)$

$\qquad\qquad\quad=2+\dfrac{8}{11}$

$\qquad\qquad\quad=2\dfrac{8}{11}$

6 $4\dfrac{5}{7}-2\dfrac{3}{7}=(4-2)+\left(\dfrac{5}{7}-\dfrac{3}{7}\right)$

$\qquad\qquad\quad=2+\dfrac{2}{7}=2\dfrac{2}{7}$

$5\dfrac{2}{7}-3\dfrac{3}{7}=\left(4+1\dfrac{2}{7}\right)-3\dfrac{3}{7}$

$\qquad\qquad\quad=\left(4+\dfrac{9}{7}\right)-3\dfrac{3}{7}$

$\qquad\qquad\quad=(4-3)+\left(\dfrac{9}{7}-\dfrac{3}{7}\right)$

$\qquad\qquad\quad=1+\dfrac{6}{7}=1\dfrac{6}{7}$

$6-\dfrac{30}{7}=6-4\dfrac{2}{7}$

$\qquad\quad=\left(5+\dfrac{7}{7}\right)-4\dfrac{2}{7}$

$\qquad\quad=(5-4)+\left(\dfrac{7}{7}-\dfrac{2}{7}\right)$

$\qquad\quad=1\dfrac{5}{7}$

따라서 계산 결과가 2와 가장 가까운 뺄셈식은

$5\dfrac{2}{7}-3\dfrac{3}{7}$ 이다.

7 $5\dfrac{3}{8}-3\dfrac{5}{8}=\left(4+1\dfrac{3}{8}\right)-3\dfrac{5}{8}$

$\qquad\qquad\quad=\left(4+\dfrac{11}{8}\right)-3\dfrac{5}{8}$

$\qquad\qquad\quad=(4-3)+\left(\dfrac{11}{8}-\dfrac{5}{8}\right)$

$\qquad\qquad\quad=1+\dfrac{6}{8}=1\dfrac{6}{8}$

$\square-3\dfrac{5}{8}=4\dfrac{7}{8}$ 에서

$\square=4\dfrac{7}{8}+3\dfrac{5}{8}=(4+3)+\left(\dfrac{7}{8}+\dfrac{5}{8}\right)$

$\qquad=7+\dfrac{12}{8}=7+1\dfrac{4}{8}$

$\qquad=(7+1)+\dfrac{4}{8}=8\dfrac{4}{8}$

$\dfrac{41}{8}-3\dfrac{5}{8}=\dfrac{41}{8}-\dfrac{29}{8}=\dfrac{41-29}{8}$

$\qquad\qquad\quad=\dfrac{12}{8}=1\dfrac{4}{8}$

따라서 빈 칸에 알맞은 대분수를 써넣으면 다음과
같습니다.

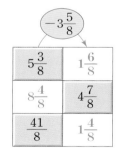

8 (1) $3\dfrac{1}{6}-1\dfrac{5}{6}=\left(2+1\dfrac{1}{6}\right)-1\dfrac{5}{6}$

$\qquad\qquad\quad=\left(2+\dfrac{7}{6}\right)-1\dfrac{5}{6}$

$\qquad\qquad\quad=(2-1)+\left(\dfrac{7}{6}-\dfrac{5}{6}\right)$

$\qquad\qquad\quad=1+\dfrac{2}{6}=1\dfrac{2}{6}$

(2) $5\frac{2}{9}-\frac{30}{9}+1\frac{4}{9}$

$=5\frac{2}{9}-3\frac{3}{9}+1\frac{4}{9}$

$=\left(4+1\frac{2}{9}\right)-3\frac{3}{9}+1\frac{4}{9}$

$=\left(4+\frac{11}{9}\right)-3\frac{3}{9}+1\frac{4}{9}$

$=(4-3+1)+\left(\frac{11}{9}-\frac{3}{9}+\frac{4}{9}\right)$

$=2+\frac{12}{9}=2+1\frac{3}{9}$

$=(2+1)+\frac{3}{9}$

$=3\frac{3}{9}$

(3) $7-\frac{17}{11}-3\frac{7}{11}$

$=\frac{77}{11}-\frac{17}{11}-\frac{40}{11}$

$=\frac{77-17-40}{11}=\frac{20}{11}$

$=1\frac{9}{11}$

(4) $8-5\frac{9}{13}-\frac{20}{13}$

$=\frac{104}{13}-\frac{74}{13}-\frac{20}{13}$

$=\frac{104-74-20}{13}$

$=\frac{10}{13}$

| 다른풀이 |

(1) $3\frac{1}{6}-1\frac{5}{6}=\frac{19}{6}-\frac{11}{6}=\frac{19-11}{6}$

$=\frac{8}{6}=1\frac{2}{6}$

(2) $5\frac{2}{9}-\frac{30}{9}+1\frac{4}{9}$

$=\frac{47}{9}-\frac{30}{9}+\frac{13}{9}$

$=\frac{47-30+13}{9}$

$=\frac{30}{9}=3\frac{3}{9}$

(3) $7-\frac{17}{11}-3\frac{7}{11}$

$=\left(5+\frac{22}{11}\right)-1\frac{6}{11}-3\frac{7}{11}$

$=(5-1-3)+\left(\frac{22}{11}-\frac{6}{11}-\frac{7}{11}\right)$

$=1+\frac{22-6-7}{11}$

$=1+\frac{9}{11}=1\frac{9}{11}$

(4) $8-5\frac{9}{13}-\frac{20}{13}$

$=\left(6+\frac{26}{13}\right)-5\frac{9}{13}-1\frac{7}{13}$

$=(6-5-1)+\left(\frac{26}{13}-\frac{9}{13}-\frac{7}{13}\right)$

$=\frac{26-9-7}{13}=\frac{10}{13}$

9 (1) $5\frac{2}{7}-1\frac{4}{7}=\left(4+1\frac{2}{7}\right)-1\frac{4}{7}$

$=\left(4+\frac{9}{7}\right)-1\frac{4}{7}$

$=(4-1)+\left(\frac{9}{7}-\frac{4}{7}\right)$

$=3+\frac{5}{7}=3\frac{5}{7}$

$6\frac{2}{7}-\frac{18}{7}=\frac{44}{7}-\frac{18}{7}=\frac{44-18}{7}$

$=\frac{26}{7}=3\frac{5}{7}$

따라서 $5\frac{2}{7}-1\frac{4}{7}=6\frac{2}{7}-\frac{18}{7}$ 입니다.

(2) $3\frac{4}{9}-\frac{14}{9}=\frac{31}{9}-\frac{14}{9}=\frac{31-14}{9}$

$=\frac{17}{9}=1\frac{8}{9}$

$4\frac{5}{9}-2\frac{7}{9}=\left(3+1\frac{5}{9}\right)-2\frac{7}{9}$

$=\left(3+\frac{14}{9}\right)-2\frac{7}{9}$

$=(3-2)+\left(\frac{14}{9}-\frac{7}{9}\right)$

$=1+\frac{7}{9}=1\frac{7}{9}$

따라서 $3\frac{4}{9}-\frac{14}{9}>4\frac{5}{9}-2\frac{7}{9}$ 입니다.

| 다른풀이 |

(1) $5\frac{2}{7}-1\frac{4}{7}=\frac{37}{7}-\frac{11}{7}=\frac{37-11}{7}$

$=\frac{26}{7}=3\frac{5}{7}$

(2) $4\frac{5}{9}-2\frac{7}{9}=\frac{41}{9}-\frac{25}{9}=\frac{41-25}{9}$

$=\frac{16}{9}=1\frac{7}{9}$

10 어떤 수를 □라 하면

$$\square + \frac{9}{13} = 6\frac{1}{13}$$

$$\square = 6\frac{1}{13} - \frac{9}{13}$$

$$= \left(5 + 1\frac{1}{13}\right) - \frac{9}{13}$$

$$= \left(5 + \frac{14}{13}\right) - \frac{9}{13}$$

$$= 5 + \left(\frac{14}{13} - \frac{9}{13}\right)$$

$$= 5 + \frac{14 - 9}{13}$$

$$= 5 + \frac{5}{13} = 5\frac{5}{13}$$

따라서 올바르게 계산하면

$$5\frac{5}{13} - \frac{9}{13}$$

$$= \left(4 + 1\frac{5}{13}\right) - \frac{9}{13}$$

$$= \left(4 + \frac{18}{13}\right) - \frac{9}{13}$$

$$= 4 + \left(\frac{18}{13} - \frac{9}{13}\right)$$

$$= 4 + \frac{18 - 9}{13} = 4 + \frac{9}{13}$$

$$= 4\frac{9}{13}$$

11 어떤 대분수를 □라 하면

$$5\frac{2}{7} - \square = 3\frac{3}{7}$$이므로

$$\square = 5\frac{2}{7} - 3\frac{3}{7}$$

$$= \left(4 + 1\frac{2}{7}\right) - 3\frac{3}{7}$$

$$= \left(4 + \frac{9}{7}\right) - 3\frac{3}{7}$$

$$= (4 - 3) + \left(\frac{9}{7} - \frac{3}{7}\right)$$

$$= 1 + \frac{6}{7}$$

$$= 1\frac{6}{7}$$

12 $$5\frac{2}{9} - 3\frac{5}{9}$$

$$= \left(4 + 1\frac{2}{9}\right) - 3\frac{5}{9}$$

$$= \left(4 + \frac{11}{9}\right) - 3\frac{5}{9}$$

$$= (4 - 3) + \left(\frac{11}{9} - \frac{5}{9}\right)$$

$$= 1 + \frac{6}{9}$$

$$= 1\frac{6}{9}$$

따라서 하랑이의 책가방이 태식이의 책가방보다 $1\frac{6}{9}$ kg 더 무겁습니다.

13 $$8\frac{4}{15} - 6\frac{13}{15}$$

$$= \left(7 + 1\frac{4}{15}\right) - 6\frac{13}{15}$$

$$= \left(7 + \frac{19}{15}\right) - 6\frac{13}{15}$$

$$= (7 - 6) + \left(\frac{19}{15} - \frac{13}{15}\right)$$

$$= 1 + \frac{6}{15} = 1\frac{6}{15}$$

따라서 상현이네 집에서 A영화관이 $1\frac{6}{15}$ km 더 가깝습니다.

단원 총정리

 단원평가문제　　　　　본문 p. 75

1

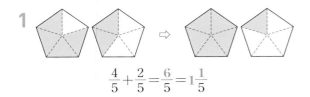

$$\frac{4}{5}+\frac{2}{5}=\frac{6}{5}=1\frac{1}{5}$$

2 $\frac{3}{8}$ 은 $\frac{1}{8}$ 이 3개, $\frac{4}{8}$ 는 $\frac{1}{8}$ 이 4개이므로

$\frac{3}{8}+\frac{4}{8}$ 는 $\frac{1}{8}$ 이 7(=3+4)개입니다.

따라서 $\frac{3}{8}+\frac{4}{8}=\frac{7}{8}$ 입니다.

3 $\frac{2}{9}+\frac{3}{9}=\frac{2+3}{9}=\frac{5}{9}$

$\frac{8}{9}-\frac{2}{9}=\frac{8-2}{9}=\frac{6}{9}$

따라서 $\frac{2}{9}+\frac{3}{9}<\frac{8}{9}-\frac{2}{9}$ 입니다.

4 (1) $\frac{3}{7}+\frac{4}{7}=\frac{3+4}{7}=\frac{7}{7}=1$

(2) $\frac{2}{9}+\frac{3}{9}-\frac{4}{9}=\frac{2+3-4}{9}=\frac{1}{9}$

(3) $\frac{9}{11}-\frac{5}{11}+\frac{1}{11}=\frac{9-5+1}{11}=\frac{5}{11}$

5 $\frac{4}{7}+\frac{\square}{7}<1\frac{2}{7}$ 에서

$\frac{4}{7}+\frac{\square}{7}<\frac{9}{7}$, $\frac{4+\square}{7}<\frac{9}{7}$

이므로 $4+\square<9$ 입니다.

이때 $\square$ 안에 들어갈 수 있는 자연수는

1, 2, 3, 4이므로 이 수들의 합은

$1+2+3+4=10$ 입니다.

6 분모가 11이고 그 합이 $\frac{8}{11}$ 인 서로 다른 두 진분수

는 $\frac{1}{11}$ 과 $\frac{7}{11}$, $\frac{2}{11}$ 와 $\frac{6}{11}$, $\frac{3}{11}$ 과 $\frac{5}{11}$ 입니다.

이때 차가 $\frac{2}{11}$ 인 두 진분수는 $\frac{3}{11}$ 과 $\frac{5}{11}$ 입니다.

7 (1) $3+\frac{1}{3}-\frac{2}{3}=\frac{9}{3}+\frac{1}{3}-\frac{2}{3}$

$=\frac{9+1-2}{3}$

$=\frac{8}{3}=2\frac{2}{3}$

(2) $4-\frac{3}{4}+\frac{2}{4}=\frac{16}{4}-\frac{3}{4}+\frac{2}{4}$

$=\frac{16-3+2}{4}$

$=\frac{15}{4}=3\frac{3}{4}$

| 다른풀이 |

(1) $3+\frac{1}{3}-\frac{2}{3}=\left(2+\frac{3}{3}\right)+\frac{1}{3}-\frac{2}{3}$

$=2+\left(\frac{3}{3}+\frac{1}{3}-\frac{2}{3}\right)$

$=2+\frac{3+1-2}{3}$

$=2+\frac{2}{3}=2\frac{2}{3}$

(2) $4-\frac{3}{4}+\frac{2}{4}=\left(3+\frac{4}{4}\right)-\frac{3}{4}+\frac{2}{4}$

$=3+\left(\frac{4}{4}-\frac{3}{4}+\frac{2}{4}\right)$

$=3+\frac{4-3+2}{4}$

$=3+\frac{3}{4}=3\frac{3}{4}$

8 $2-\frac{5}{7}=\frac{14}{7}-\frac{5}{7}$

$=\frac{14-5}{7}=\frac{9}{7}=1\frac{2}{7}$

따라서 가로의 길이와 세로의 길이의 차는 $1\frac{2}{7}$ cm

이다.

| 다른풀이 |

$2-\frac{5}{7}=\left(1+\frac{7}{7}\right)-\frac{5}{7}=1+\left(\frac{7}{7}-\frac{5}{7}\right)$

$=1+\frac{2}{7}=1\frac{2}{7}$

9 (1) $3+2\frac{1}{4}=(3+2)+\frac{1}{4}=5+\frac{1}{4}=5\frac{1}{4}$

(2) $3\frac{1}{5}+\frac{2}{5}=3+\left(\frac{1}{5}+\frac{2}{5}\right)=3+\frac{3}{5}=3\frac{3}{5}$

(3) $2\frac{4}{7}+3\frac{1}{7}=(2+3)+\left(\frac{4}{7}+\frac{1}{7}\right)$

$=5+\frac{5}{7}=5\frac{5}{7}$

(4) $\dfrac{13}{9}+\dfrac{20}{9}=1\dfrac{4}{9}+2\dfrac{2}{9}$

$\qquad\qquad =(1+2)+\left(\dfrac{4}{9}+\dfrac{2}{9}\right)$

$\qquad\qquad =3+\dfrac{6}{9}=3\dfrac{6}{9}$

| 다른풀이 |

(1) $3+2\dfrac{1}{4}=\dfrac{12}{4}+\dfrac{9}{4}=\dfrac{12+9}{4}=\dfrac{21}{4}=5\dfrac{1}{4}$

(2) $3\dfrac{1}{5}+\dfrac{2}{5}=\dfrac{16}{5}+\dfrac{2}{5}=\dfrac{16+2}{5}=\dfrac{18}{5}=3\dfrac{3}{5}$

(3) $2\dfrac{4}{7}+3\dfrac{1}{7}=\dfrac{18}{7}+\dfrac{22}{7}=\dfrac{18+22}{7}$

$\qquad\qquad\quad =\dfrac{40}{7}=5\dfrac{5}{7}$

(4) $\dfrac{13}{9}+\dfrac{20}{9}=1\dfrac{4}{9}+2\dfrac{2}{9}$

$\qquad\qquad =(1+2)+\left(\dfrac{4}{9}+\dfrac{2}{9}\right)$

$\qquad\qquad =3+\dfrac{6}{9}=3\dfrac{6}{9}$

10 $4+1\dfrac{2}{7}=(4+1)+\dfrac{2}{7}=5\dfrac{2}{7}$

$4\dfrac{1}{7}+1\dfrac{2}{7}=(4+1)+\left(\dfrac{1}{7}+\dfrac{2}{7}\right)$

$\qquad\qquad =5+\dfrac{3}{7}=5\dfrac{3}{7}$

$7-2\dfrac{1}{7}=\left(6+\dfrac{7}{7}\right)-2\dfrac{1}{7}=(6-2)+\left(\dfrac{7}{7}-\dfrac{1}{7}\right)$

$\qquad\qquad =4+\dfrac{6}{7}=4\dfrac{6}{7}$

따라서 계산 결과가 5와 가장 가까운 것은

$7-2\dfrac{1}{7}$ 입니다.

| 다른풀이 |

$4+1\dfrac{2}{7}=\dfrac{28}{7}+\dfrac{9}{7}=\dfrac{28+9}{7}=\dfrac{37}{7}$

$4\dfrac{1}{7}+1\dfrac{2}{7}=\dfrac{29}{7}+\dfrac{9}{7}=\dfrac{29+9}{7}=\dfrac{38}{7}$

$7-2\dfrac{1}{7}=\dfrac{49}{7}-\dfrac{15}{7}=\dfrac{49-15}{7}=\dfrac{34}{7}$

따라서 계산 결과가 $5\left(=\dfrac{35}{7}\right)$와 가장 가까운 식

은 $7-2\dfrac{1}{7}$ 입니다.

11 $4=\dfrac{36}{9}$, $4\dfrac{7}{9}=\dfrac{43}{9}$ 이고

$3\dfrac{8}{9}+\dfrac{\square}{9}=\dfrac{35}{9}+\dfrac{\square}{9}=\dfrac{35+\square}{9}$ 입니다.

$4<3\dfrac{8}{9}+\dfrac{\square}{9}<4\dfrac{7}{9}$ 에서

$\dfrac{36}{9}<\dfrac{35+\square}{9}<\dfrac{43}{9}$

$36<35+\square<43$ 이므로

$\square=2$, 3, 4, 5, 6, 7 입니다.

따라서 $\square$ 안에 들어갈 수 있는 자연수는 모두 **6**개

입니다.

12 (1) $3\dfrac{1}{3}+\dfrac{2}{3}=3+\left(\dfrac{1}{3}+\dfrac{2}{3}\right)=3+\dfrac{3}{3}=3+1=\mathbf{4}$

(2) $\dfrac{11}{5}+2\dfrac{3}{5}=2+\left(\dfrac{11}{5}+\dfrac{3}{5}\right)$

$\qquad\qquad =2+\dfrac{14}{5}=2+2\dfrac{4}{5}$

$\qquad\qquad =(2+2)+\dfrac{4}{5}=4+\dfrac{4}{5}$

$\qquad\qquad =4\dfrac{4}{5}$

(4) $3\dfrac{4}{7}+2\dfrac{3}{7}+\dfrac{9}{7}=3\dfrac{4}{7}+2\dfrac{3}{7}+1\dfrac{2}{7}$

$\qquad\qquad =(3+2+1)+\left(\dfrac{4}{7}+\dfrac{3}{7}+\dfrac{2}{7}\right)$

$\qquad\qquad =6+\dfrac{9}{7}=6+1\dfrac{2}{7}$

$\qquad\qquad =(6+1)+\dfrac{2}{7}=7+\dfrac{2}{7}=7\dfrac{2}{7}$

(3) $\dfrac{3}{9}+\dfrac{13}{9}+2\dfrac{5}{9}=\dfrac{3}{9}+1\dfrac{4}{9}+2\dfrac{5}{9}$

$\qquad\qquad =(1+2)+\left(\dfrac{3}{9}+\dfrac{4}{9}+\dfrac{5}{9}\right)$

$\qquad\qquad =3+\dfrac{12}{9}=3+1\dfrac{3}{9}$

$\qquad\qquad =(3+1)+\dfrac{3}{9}=4\dfrac{3}{9}$

| 다른풀이 |

(1) $3\dfrac{1}{3}+\dfrac{2}{3}=\dfrac{10}{3}+\dfrac{2}{3}=\dfrac{12}{3}=4$

(2) $\dfrac{11}{5}+2\dfrac{3}{5}=\dfrac{11}{5}+\dfrac{13}{5}=\dfrac{11+13}{5}$

$\qquad\qquad =\dfrac{24}{5}=4\dfrac{4}{5}$

(3) $3\dfrac{4}{7}+2\dfrac{3}{7}+\dfrac{9}{7}=\dfrac{25}{7}+\dfrac{17}{7}+\dfrac{9}{7}$

$\qquad\qquad =\dfrac{25+17+9}{7}=\dfrac{51}{7}=7\dfrac{2}{7}$

(4) $\dfrac{3}{9}+\dfrac{13}{9}+2\dfrac{5}{9}=\dfrac{3}{9}+\dfrac{13}{9}+\dfrac{23}{9}$

$\qquad\qquad =\dfrac{3+13+23}{9}=\dfrac{39}{9}=4\dfrac{3}{9}$

13 두 번째 뽑은 카드를 $\square$라 하면

$6\frac{1}{5}+\square=10$이므로

$\square=10-6\frac{1}{5}$

$\quad=\left(9+\frac{5}{5}\right)-6\frac{1}{5}$

$\quad=(9-6)+\left(\frac{5}{5}-\frac{1}{5}\right)$

$\quad=3+\frac{4}{5}=3\frac{4}{5}$

| 다른풀이 |

$\square=10-6\frac{1}{5}$

$\quad=\frac{50}{5}-\frac{31}{5}$

$\quad=\frac{19}{5}=3\frac{4}{5}$

14 (1) $\square+3\frac{2}{10}=5$에서

$\square=5-3\frac{2}{10}$

$\quad=\left(4+\frac{10}{10}\right)-3\frac{2}{10}$

$\quad=(4-3)+\left(\frac{10}{10}-\frac{2}{10}\right)$

$\quad=1+\frac{8}{10}=1\frac{8}{10}$

(2) $\square+3\frac{4}{7}=4\frac{6}{7}$에서

$\square=4\frac{6}{7}-3\frac{4}{7}$

$\quad=(4-3)+\left(\frac{6}{7}-\frac{4}{7}\right)$

$\quad=1+\frac{2}{7}=1\frac{2}{7}$

(3) $\square+1\frac{8}{11}=5\frac{4}{11}$에서

$\square=5\frac{4}{11}-1\frac{8}{11}$

$\quad=\left(4+1\frac{4}{11}\right)-1\frac{8}{11}$

$\quad=\left(4+\frac{15}{11}\right)-1\frac{8}{11}$

$\quad=(4-1)+\left(\frac{15}{11}-\frac{8}{11}\right)$

$\quad=3+\frac{7}{11}=3\frac{7}{11}$

| 다른풀이 |

(1) $\square+3\frac{2}{10}=5$에서

$\square=5-3\frac{2}{10}=\frac{50}{10}-\frac{32}{10}$

$\quad=\frac{50-32}{10}=\frac{18}{10}=1\frac{8}{10}$

(2) $\square+3\frac{4}{7}=4\frac{6}{7}$에서

$\square=4\frac{6}{7}-3\frac{4}{7}=\frac{34}{7}-\frac{25}{7}$

$\quad=\frac{34-25}{7}=\frac{9}{7}=1\frac{2}{7}$

(3) $\square+1\frac{8}{11}=5\frac{4}{11}$에서

$\square=5\frac{4}{11}-1\frac{8}{11}=\frac{59}{11}-\frac{19}{11}$

$\quad=\frac{59-19}{11}=\frac{40}{11}$

$\quad=3\frac{7}{11}$

15 (1) $3\frac{2}{3}-2\frac{1}{3}=(3-2)+\left(\frac{2}{3}-\frac{1}{3}\right)$

$\quad=1+\frac{1}{3}=1\frac{1}{3}$

(2) $5-3\frac{4}{5}=\left(4+\frac{5}{5}\right)-3\frac{4}{5}$

$\quad=(4-3)+\left(\frac{5}{5}-\frac{4}{5}\right)$

$\quad=1+\frac{1}{5}=1\frac{1}{5}$

(3) $5\frac{1}{7}-3\frac{4}{7}=\left(4+1\frac{1}{7}\right)-3\frac{4}{7}$

$\quad=\left(4+\frac{8}{7}\right)-3\frac{4}{7}$

$\quad=(4-3)+\left(\frac{8}{7}-\frac{4}{7}\right)$

$\quad=1+\frac{4}{7}=1\frac{4}{7}$

(4) $4\frac{1}{9}-3\frac{30}{9}+2\frac{5}{9}=\left(3+1\frac{1}{9}\right)-3\frac{3}{9}+2\frac{5}{9}$

$\quad=\left(3+\frac{10}{9}\right)-3\frac{3}{9}+2\frac{5}{9}$

$\quad=(3-3+2)+\left(\frac{10}{9}-\frac{3}{9}+\frac{5}{9}\right)$

$\quad=2+\frac{10-3+5}{9}$

$\quad=2+\frac{12}{9}=2+1\frac{3}{9}$

$\quad=(2+1)+\frac{3}{9}=3\frac{3}{9}$

(1) $3\dfrac{2}{3}-2\dfrac{1}{3}=\dfrac{11}{3}-\dfrac{7}{3}=\dfrac{11-7}{3}$

$\qquad\qquad\quad=\dfrac{4}{3}=1\dfrac{1}{3}$

(2) $5-3\dfrac{4}{5}=\dfrac{25}{5}-\dfrac{19}{5}=\dfrac{25-19}{5}$

$\qquad\qquad\quad=\dfrac{6}{5}=1\dfrac{1}{5}$

(3) $5\dfrac{1}{7}-3\dfrac{4}{7}=\dfrac{36}{7}-\dfrac{25}{7}=\dfrac{36-25}{7}$

$\qquad\qquad\quad=\dfrac{11}{7}=1\dfrac{4}{7}$

(4) $4\dfrac{1}{9}-\dfrac{30}{9}+2\dfrac{5}{9}=\dfrac{37}{9}-\dfrac{30}{9}+\dfrac{23}{9}$

$\qquad\qquad\qquad\quad=\dfrac{37-30+23}{9}$

$\qquad\qquad\qquad\quad=\dfrac{30}{9}=3\dfrac{3}{9}$

16 $7\dfrac{3}{8}-3\dfrac{5}{8}=\left(6+1\dfrac{3}{8}\right)-3\dfrac{5}{8}$

$\qquad\qquad=\left(6+\dfrac{11}{8}\right)-3\dfrac{5}{8}$

$\qquad\qquad=(6-3)+\left(\dfrac{11}{8}-\dfrac{5}{8}\right)$

$\qquad\qquad=3+\dfrac{6}{8}=3\dfrac{6}{8}$

따라서 주전자에 남은 물의 양은 $3\dfrac{6}{8}$ L입니다.

| 다른풀이 |

$7\dfrac{3}{8}-3\dfrac{5}{8}=\dfrac{59}{8}-\dfrac{29}{8}=\dfrac{59-29}{8}$

$\qquad\qquad=\dfrac{30}{8}=3\dfrac{6}{8}$

17 $3\dfrac{5}{7}+4\dfrac{3}{7}=\square+2\dfrac{2}{7}$ 에서

$\square=3\dfrac{5}{7}+4\dfrac{3}{7}-2\dfrac{2}{7}$

$\quad=(3+4-2)+\left(\dfrac{5}{7}+\dfrac{3}{7}-\dfrac{2}{7}\right)$

$\quad=5+\dfrac{6}{7}=5\dfrac{6}{7}$

18 (1) $6\dfrac{1}{7}-\dfrac{17}{7}=\left(5+1\dfrac{1}{7}\right)-2\dfrac{3}{7}$

$\qquad\qquad=\left(5+\dfrac{8}{7}\right)-2\dfrac{3}{7}$

$\qquad\qquad=(5-2)+\left(\dfrac{8}{7}-\dfrac{3}{7}\right)$

$=3+\dfrac{5}{7}=3\dfrac{5}{7}$

$5\dfrac{3}{7}-1\dfrac{5}{7}=\left(4+1\dfrac{3}{7}\right)-1\dfrac{5}{7}$

$\qquad\qquad=\left(4+\dfrac{10}{7}\right)-1\dfrac{5}{7}$

$\qquad\qquad=(4-1)+\left(\dfrac{10}{7}-\dfrac{5}{7}\right)$

$\qquad\qquad=3+\dfrac{5}{7}=3\dfrac{5}{7}$

따라서 $6\dfrac{1}{7}-\dfrac{17}{7}=5\dfrac{3}{7}-1\dfrac{5}{7}$ 입니다.

(2) $4\dfrac{3}{9}-2\dfrac{5}{9}=\dfrac{39}{9}-\dfrac{23}{9}=\dfrac{39-23}{9}=\dfrac{16}{9}$

$3\dfrac{5}{9}-\dfrac{15}{9}=\dfrac{32}{9}-\dfrac{15}{9}=\dfrac{32-15}{9}=\dfrac{17}{9}$

따라서 $4\dfrac{3}{9}-2\dfrac{5}{9}<3\dfrac{5}{9}-\dfrac{15}{9}$ 입니다.

| 다른풀이 |

(1) $6\dfrac{1}{7}-\dfrac{17}{7}=\dfrac{43}{7}-\dfrac{17}{7}=\dfrac{43-17}{7}$

$\qquad\qquad=\dfrac{26}{7}$

$5\dfrac{3}{7}-1\dfrac{5}{7}=\dfrac{38}{7}-\dfrac{12}{7}=\dfrac{38-12}{7}$

$\qquad\qquad=\dfrac{26}{7}$

(2) $4\dfrac{3}{9}-2\dfrac{5}{9}=\left(3+1\dfrac{3}{9}\right)-2\dfrac{5}{9}$

$\qquad\qquad=\left(3+\dfrac{12}{9}\right)-2\dfrac{5}{9}$

$\qquad\qquad=(3-2)+\left(\dfrac{12}{9}-\dfrac{5}{9}\right)$

$\qquad\qquad=1+\dfrac{7}{9}=1\dfrac{7}{9}$

$3\dfrac{5}{9}-\dfrac{15}{9}=3\dfrac{5}{9}-1\dfrac{6}{9}$

$\qquad\qquad=\left(2+1\dfrac{5}{9}\right)-1\dfrac{6}{9}$

$\qquad\qquad=\left(2+\dfrac{14}{9}\right)-1\dfrac{6}{9}$

$\qquad\qquad=(2-1)+\left(\dfrac{14}{9}-\dfrac{6}{9}\right)$

$\qquad\qquad=1+\dfrac{8}{9}=1\dfrac{8}{9}$

19 $1\dfrac{3}{6}+2\dfrac{5}{6}=(1+2)+\left(\dfrac{3}{6}+\dfrac{5}{6}\right)$

$\qquad\qquad=3+\dfrac{8}{6}=3+1\dfrac{2}{6}$

$\qquad\qquad=(3+1)+\dfrac{2}{6}=4\dfrac{2}{6}$

$$5\frac{5}{6}-1\frac{4}{6}=(5-1)+\left(\frac{5}{6}-\frac{4}{6}\right)$$

$$=4+\frac{1}{6}=4\frac{1}{6}$$

$$6-1\frac{3}{6}=\left(5+\frac{6}{6}\right)-1\frac{3}{6}$$

$$=(5-1)+\left(\frac{6}{6}-\frac{3}{6}\right)$$

$$=4+\frac{3}{6}=4\frac{3}{6}$$

따라서 같은 분수끼리 선을 그어 연결하면 다음과 같습니다.

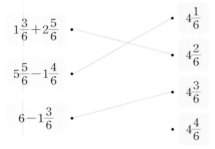

20 어떤 수를 □라 하면

$□+1\frac{5}{9}=5\frac{2}{9}$이므로

$$□=5\frac{2}{9}-1\frac{5}{9}$$

$$=\left(4+1\frac{2}{9}\right)-1\frac{5}{9}$$

$$=\left(4+\frac{11}{9}\right)-1\frac{5}{9}$$

$$=(4-1)+\left(\frac{11}{9}-\frac{5}{9}\right)$$

$$=3+\frac{6}{9}=3\frac{6}{9}$$

따라서 바르게 계산하면

$$3\frac{6}{9}-1\frac{5}{9}=(3-1)+\left(\frac{6}{9}-\frac{5}{9}\right)$$

$$=2+\frac{1}{9}=2\frac{1}{9}$$

21 ●−■의 계산 결과가 가장 크려면 ●는 가장 크고 ■는 가장 작아야 한다.

따라서 계산 결과가 가장 큰 뺄셈식은

$$7-1\frac{3}{5}=\left(6+\frac{5}{5}\right)-1\frac{3}{5}$$

$$=(6-1)+\left(\frac{5}{5}-\frac{3}{5}\right)$$

$$=5+\frac{2}{5}=5\frac{2}{5}$$

22 $4\frac{㉠}{10}+1\frac{㉡}{10}=6\frac{3}{10}$에서

$$\left(4+\frac{㉠}{10}\right)+\left(1+\frac{㉡}{10}\right)=6+\frac{3}{10}$$

$$\frac{㉠}{10}+\frac{㉡}{10}=\left(6+\frac{3}{10}\right)-4-1$$

$$=1+\frac{3}{10}=1\frac{3}{10}=\frac{13}{10}$$

이므로 $\frac{㉠+㉡}{10}=\frac{13}{10}$입니다.

㉠+㉡=13을 만족하는 ㉠, ㉡ 중에서 ㉠＞㉡인 ㉠과 ㉡의 값은 다음과 같습니다.

㉠	7	8	9
㉡	6	5	4

따라서 차가 가장 작을 때의 ㉠, ㉡의 값은
㉠ : 7, ㉡ : 6입니다.

23 한 변의 길이가 $1\frac{3}{4}$ cm인 정사각형의 모든 변의 길이의 합은

$$1\frac{3}{4}+1\frac{3}{4}+1\frac{3}{4}+1\frac{3}{4}$$

$$=(1+1+1+1)+\left(\frac{3}{4}+\frac{3}{4}+\frac{3}{4}+\frac{3}{4}\right)$$

$$=4+\frac{12}{4}=4+3$$

$$=7(\text{cm})$$

한 변의 길이가 $2\frac{1}{4}$ cm인 정삼각형의 모든 변의 길이의 합은

$$2\frac{1}{4}+2\frac{1}{4}+2\frac{1}{4}$$

$$=(2+2+2)+\left(\frac{1}{4}+\frac{1}{4}+\frac{1}{4}\right)$$

$$=6+\frac{3}{4}=6\frac{3}{4}(\text{cm})$$

$7-6\frac{3}{4}=6\frac{4}{4}-6\frac{3}{4}=\frac{4}{4}-\frac{3}{4}=\frac{1}{4}$이므로 철사를 더 많이 사용한 사람은 건이이고 건이는 창규보다 $\frac{1}{4}$ cm만큼 더 많이 사용했습니다.

24 $1\frac{3}{7}+1\frac{3}{7}=(1+1)+\left(\frac{3}{7}+\frac{3}{7}\right)=2+\frac{6}{7}=2\frac{6}{7}$

$$2\frac{6}{7}+2\frac{6}{7}=(2+2)+\left(\frac{6}{7}+\frac{6}{7}\right)=4+\frac{12}{7}$$

$$=4+1\frac{5}{7}=(4+1)+\frac{5}{7}$$

$$=5+\frac{5}{7}=5\frac{5}{7}$$

따라서 밀가루 6 kg을 이용하여 만들 수 있는 빵
은 모두 **5**개입니다.
이때 빵을 만들고 남은 밀가루의 양은

$$6-5\frac{5}{7}=\left(5+\frac{7}{7}\right)-5\frac{5}{7}$$

$$=(5-5)+\left(\frac{7}{7}-\frac{5}{7}\right)$$

$$=\frac{2}{7}(\mathrm{kg})$$

입니다.

진분수의 덧셈

 연산훈련문제 　　　　　　본문 p. 84

1 (1) $\dfrac{3}{5}+\dfrac{1}{5}=\dfrac{3+1}{5}=\dfrac{4}{5}$

(2) $\dfrac{3}{8}+\dfrac{4}{8}=\dfrac{3+4}{8}=\dfrac{7}{8}$

(3) $\dfrac{2}{10}+\dfrac{3}{10}+\dfrac{4}{10}=\dfrac{2+3+4}{10}=\dfrac{9}{10}$

(4) $\dfrac{7}{12}+\dfrac{3}{12}+\dfrac{1}{12}=\dfrac{7+3+1}{12}=\dfrac{11}{12}$

2 (1) $\dfrac{1}{3}+\dfrac{1}{3}=\dfrac{1+1}{3}=\dfrac{2}{3}$

(2) $\dfrac{1}{5}+\dfrac{2}{5}=\dfrac{1+2}{5}=\dfrac{3}{5}$

(3) $\dfrac{4}{7}+\dfrac{2}{7}=\dfrac{4+2}{7}=\dfrac{6}{7}$

(4) $\dfrac{3}{9}+\dfrac{5}{9}=\dfrac{3+5}{9}=\dfrac{8}{9}$

(5) $\dfrac{4}{11}+\dfrac{2}{11}+\dfrac{1}{11}=\dfrac{4+2+1}{11}=\dfrac{7}{11}$

(6) $\dfrac{2}{15}+\dfrac{4}{15}+\dfrac{5}{15}=\dfrac{2+4+5}{15}=\dfrac{11}{15}$

3 (1) $\dfrac{\square}{4}+\dfrac{1}{4}=\dfrac{2}{4}$ 에서

$\dfrac{\square+1}{4}=\dfrac{2}{4}$, $\square+1=2$ 이므로

$\square=1$

(2) $\dfrac{2}{6}+\dfrac{\square}{6}=\dfrac{5}{6}$ 에서

$\dfrac{2+\square}{6}=\dfrac{5}{6}$, $2+\square=5$ 이므로

$\square=3$

(3) $\dfrac{\square}{12}+\dfrac{4}{12}+\dfrac{3}{12}=\dfrac{11}{12}$ 에서

$\dfrac{\square+4+3}{12}=\dfrac{11}{12}$, $\square+4+3=11$ 이므로

$\square=4$

(4) $\dfrac{5}{14}+\dfrac{\square}{14}+\dfrac{3}{14}=\dfrac{12}{14}$ 에서

$\dfrac{5+\square+3}{14}=\dfrac{12}{14}$, $5+\square+3=12$ 이므로

$\square=4$

4 (1) $\dfrac{4}{6}+\dfrac{3}{6}=\dfrac{4+3}{6}=\dfrac{7}{6}=1\dfrac{1}{6}$

(2) $\dfrac{5}{8}+\dfrac{6}{8}=\dfrac{5+6}{8}=\dfrac{11}{8}=1\dfrac{3}{8}$

(3) $\dfrac{2}{9}+\dfrac{4}{9}+\dfrac{8}{9}=\dfrac{2+4+8}{9}=\dfrac{14}{9}=1\dfrac{5}{9}$

(4) $\dfrac{7}{11}+\dfrac{8}{11}+\dfrac{9}{11}=\dfrac{7+8+9}{11}=\dfrac{24}{11}=2\dfrac{2}{11}$

5 (1) $\dfrac{2}{3}+\dfrac{1}{3}=\dfrac{2+1}{3}=\dfrac{3}{3}=1$

(2) $\dfrac{4}{5}+\dfrac{3}{5}=\dfrac{4+3}{5}=\dfrac{7}{5}=1\dfrac{2}{5}$

(3) $\dfrac{4}{7}+\dfrac{6}{7}=\dfrac{4+6}{7}=\dfrac{10}{7}=1\dfrac{3}{7}$

(4) $\dfrac{5}{9}+\dfrac{8}{9}=\dfrac{5+8}{9}=\dfrac{13}{9}=1\dfrac{4}{9}$

(5) $\dfrac{5}{11}+\dfrac{4}{11}+\dfrac{3}{11}=\dfrac{5+4+3}{11}$

$\qquad\qquad\qquad=\dfrac{12}{11}=1\dfrac{1}{11}$

(6) $\dfrac{8}{13}+\dfrac{9}{13}+\dfrac{10}{13}=\dfrac{8+9+10}{13}$

$\qquad\qquad\qquad=\dfrac{27}{13}=2\dfrac{1}{13}$

6 (1) $\dfrac{\square}{2}+\dfrac{1}{2}=1$ 에서

$\dfrac{\square+1}{2}=\dfrac{2}{2}$, $\square+1=2$ 이므로

$\square=1$

(2) $\dfrac{2}{3}+\dfrac{\square}{3}=1\dfrac{1}{3}$ 에서

$\dfrac{2+\square}{3}=\dfrac{4}{3}$, $2+\square=4$ 이므로

$\square=2$

(3) $\dfrac{3}{5}+\dfrac{\square}{5}=1$ 에서

$\dfrac{3+\square}{3}=\dfrac{5}{5}$, $3+\square=5$ 이므로

$\square=2$

(4) $\dfrac{\square}{7}+\dfrac{3}{7}=1\dfrac{2}{7}$ 에서

$\dfrac{\square+3}{7}=\dfrac{9}{7}$, $\square+3=9$ 이므로

$\square=6$

(5) $\dfrac{1}{8}+\dfrac{3}{8}+\dfrac{\square}{8}=1$ 에서

$\dfrac{1+3+\square}{8}=\dfrac{8}{8}$, $1+\square+3=8$ 이므로

$\square=4$

(6) $\dfrac{9}{10}+\dfrac{8}{10}+\dfrac{\square}{10}=2\dfrac{4}{10}$ 에서

$\dfrac{9+8+\square}{10}=\dfrac{24}{10}$, $9+8+\square=24$ 이므로

$\square=7$

7 $\dfrac{3}{7}$ 보다 $\dfrac{2}{7}$ 만큼 더 큰 수는

$\dfrac{3}{7}+\dfrac{2}{7}=\dfrac{3+2}{7}=\dfrac{5}{7}$

8 $\dfrac{1}{8}$ 이 4개인 수는 $\dfrac{4}{8}$, $\dfrac{1}{8}$ 이 6개인 수는 $\dfrac{6}{8}$, $\dfrac{1}{8}$ 이 7개인

수는 $\dfrac{7}{8}$ 입니다.

이 세 수의 합은

$\dfrac{4}{8}+\dfrac{6}{8}+\dfrac{7}{8}=\dfrac{4+6+7}{8}=\dfrac{17}{8}=2\dfrac{1}{8}$

9 $1<\dfrac{6}{9}+\dfrac{\square}{9}<1\dfrac{4}{9}$ 에서

$\dfrac{9}{9}<\dfrac{6+\square}{9}<\dfrac{13}{9}$ 이므로

$9<6+\square<13$ 입니다.

따라서 $\square$ 안에 들어갈 수 있는 자연수는 4, 5, 6이
고 이 세 수의 합은 $4+5+6=15$ 입니다.

10 $\dfrac{2}{5}+\dfrac{3}{5}=\dfrac{2+3}{5}=\dfrac{5}{5}=1$

따라서 오늘 동찬이가 마신 물의 양은 모두 1 L입
니다.

11 $\dfrac{2}{8}+\dfrac{3}{8}=\dfrac{2+3}{8}=\dfrac{5}{8}$

따라서 상현이네 가족이 먹은 수박은 모두 $\dfrac{5}{8}$ 조각

입니다.

12 $\dfrac{7}{10}+\dfrac{6}{10}=\dfrac{7+6}{10}=\dfrac{13}{10}=1\dfrac{3}{10}$

따라서 필요한 끈의 길이는 모두 $1\dfrac{3}{10}$ m입니다.

13 $\dfrac{5}{11}+\dfrac{8}{11}+\dfrac{10}{11}=\dfrac{5+8+10}{11}=\dfrac{23}{11}=2\dfrac{1}{11}$

따라서 두리가 하루 동안 먹은 사료의 양은 모두

$2\dfrac{1}{11}$ kg입니다.

진분수의 뺄셈

연산훈련문제

본문 p. 88

1 (1) $\dfrac{3}{4}-\dfrac{1}{4}=\dfrac{3-1}{4}=\dfrac{2}{4}$

(2) $\dfrac{6}{7}-\dfrac{3}{7}=\dfrac{6-3}{7}=\dfrac{3}{7}$

(3) $\dfrac{8}{9}-\dfrac{5}{9}=\dfrac{8-5}{9}=\dfrac{3}{9}$

(4) $\dfrac{10}{12}-\dfrac{4}{12}=\dfrac{10-4}{12}=\dfrac{6}{12}$

2 (1) $\dfrac{2}{3}-\dfrac{1}{3}=\dfrac{2-1}{3}=\dfrac{1}{3}$

(2) $\dfrac{6}{7}-\dfrac{4}{7}=\dfrac{6-4}{7}=\dfrac{2}{7}$

(3) $\dfrac{7}{9}-\dfrac{3}{9}=\dfrac{7-3}{9}=\dfrac{4}{9}$

(4) $\dfrac{10}{11}-\dfrac{7}{11}=\dfrac{10-7}{11}=\dfrac{3}{11}$

(5) $\dfrac{9}{13}-\dfrac{5}{13}=\dfrac{9-5}{13}=\dfrac{4}{13}$

(6) $\dfrac{13}{15}-\dfrac{9}{15}=\dfrac{13-9}{15}=\dfrac{4}{15}$

3 (1) $1-\dfrac{1}{2}=\dfrac{2}{2}-\dfrac{1}{2}=\dfrac{2-1}{2}=\dfrac{1}{2}$

(2) $1-\dfrac{2}{5}=\dfrac{5}{5}-\dfrac{2}{5}=\dfrac{5-2}{5}=\dfrac{3}{5}$

(3) $1-\dfrac{5}{8}=\dfrac{8}{8}-\dfrac{5}{8}=\dfrac{8-5}{8}=\dfrac{3}{8}$

(4) $1-\dfrac{7}{12}=\dfrac{12}{12}-\dfrac{7}{12}=\dfrac{12-7}{12}=\dfrac{5}{12}$

4 (1) $\dfrac{4}{5}-\dfrac{1}{5}-\dfrac{2}{5}=\dfrac{4-1-2}{5}=\dfrac{1}{5}$

(2) $\dfrac{5}{6}-\dfrac{2}{6}-\dfrac{2}{6}=\dfrac{5-2-2}{6}=\dfrac{1}{6}$

(3) $1-\dfrac{1}{7}-\dfrac{4}{7}=\dfrac{7}{7}-\dfrac{1}{7}-\dfrac{4}{7}$

$\qquad=\dfrac{7-1-4}{7}=\dfrac{2}{7}$

(4) $1-\dfrac{3}{8}-\dfrac{2}{8}=\dfrac{8}{8}-\dfrac{3}{8}-\dfrac{2}{8}$

$\qquad=\dfrac{8-3-2}{8}=\dfrac{3}{8}$

(5) $\dfrac{9}{10}-\dfrac{2}{10}-\dfrac{3}{10}=\dfrac{9-2-3}{10}=\dfrac{4}{10}$

(6) $\dfrac{11}{13}-\dfrac{7}{13}-\dfrac{2}{13}=\dfrac{11-7-2}{13}=\dfrac{2}{13}$

5 (1) $\dfrac{3}{4}-\dfrac{\square}{4}=0$에서

$\dfrac{3-\square}{4}=0$, $3-\square=0$이므로

$\square=3$

(2) $\dfrac{\square}{4}-\dfrac{1}{4}-\dfrac{2}{4}=0$에서

$\dfrac{\square-1-2}{4}=0$, $\square-1-2=0$,

$\square-3=0$이므로 $\square=3$

(3) $\dfrac{\square}{6}-\dfrac{3}{6}=\dfrac{2}{6}$에서

$\dfrac{\square-3}{6}=\dfrac{2}{6}$, $\square-3=2$이므로

$\square=5$

(4) $\dfrac{6}{9}-\dfrac{\square}{9}=\dfrac{2}{9}$에서

$\dfrac{6-\square}{9}=\dfrac{2}{9}$, $6-\square=2$이므로

$\square=4$

(5) $\dfrac{10}{11}-\dfrac{\square}{11}-\dfrac{2}{11}=\dfrac{5}{11}$에서

$\dfrac{10-\square-2}{11}=\dfrac{5}{11}$, $10-\square-2=5$이므로

$\square=3$

(6) $\dfrac{\square}{14}-\dfrac{6}{14}-\dfrac{3}{14}=\dfrac{4}{14}$에서

$\dfrac{\square-6-3}{14}=\dfrac{4}{14}$, $\square-6-3=4$이므로

$\square=13$

6 (1) $1+\dfrac{2}{4}-\dfrac{1}{4}=\dfrac{4}{4}+\dfrac{2}{4}-\dfrac{1}{4}$

$\qquad=\dfrac{4+2-1}{4}=\dfrac{5}{4}$

(2) $\dfrac{3}{6}-\dfrac{2}{6}+\dfrac{4}{6}=\dfrac{3-2+4}{6}=\dfrac{5}{6}$

(3) $\dfrac{5}{8}+1-\dfrac{6}{8}=\dfrac{5}{8}+\dfrac{8}{8}-\dfrac{6}{8}$

$\qquad=\dfrac{5+8-6}{8}=\dfrac{7}{8}$

(4) $\dfrac{7}{12}-\dfrac{4}{12}+\dfrac{3}{12}=\dfrac{7-4+3}{12}=\dfrac{6}{12}$

7 $\frac{5}{6}$ 보다 $\frac{3}{6}$ 만큼 작은 수는

$\frac{5}{6} - \frac{3}{6} = \frac{5-3}{6} = \frac{2}{6}$

8 $\frac{1}{10}$ 이 5개인 수 $\frac{5}{10}$ 와 $\frac{1}{10}$ 이 8개인 수 $\frac{8}{10}$ 의 차는

$\frac{8}{10} - \frac{5}{10} = \frac{8-5}{10} = \frac{3}{10}$

9 $\frac{3}{11} < \frac{8}{11} - \frac{\square}{11} < \frac{8}{11}$ 에서

$\frac{3}{11} < \frac{8-\square}{11} < \frac{8}{11}$

$3 < 8 - \square < 8$ 이므로

$\square = 1, 2, 3, 4$ 입니다.

10 $\frac{9}{13} - \frac{7}{13} = \frac{9-7}{13} = \frac{2}{13}$

따라서 사과는 배보다 $\frac{2}{13}$ kg 더 많습니다.

11 $1 - \frac{25}{100} = \frac{100}{100} - \frac{25}{100}$

$= \frac{100-25}{100} = \frac{75}{100}$

따라서 아빠가 잡은 물고기는 내가 잡은 물고기보다 $\frac{75}{100}$ m 더 깁니다.

| 다른풀이 |

1 m는 100 cm이고 $\frac{25}{100}$ m는 25 cm입니다.

이때 $100 - 25 = 75$ 이므로 아빠가 잡은 물고기는 내가 잡은 물고기보다 75 cm 더 깁니다.

12 $1 - \frac{3}{10} - \frac{5}{10} = \frac{10}{10} - \frac{3}{10} - \frac{5}{10}$

$= \frac{10-3-5}{10} = \frac{2}{10}$

따라서 남아있는 초코우유의 양은 모두 $\frac{2}{10}$ L입니다.

13 $1 - \frac{3}{8} - \frac{1}{8} - \frac{1}{8}$

$= \frac{8}{8} - \frac{3}{8} - \frac{1}{8} - \frac{1}{8} - \frac{1}{8}$

$= \frac{8-3-1-1-1}{8}$

$= \frac{2}{8}$

따라서 남아있는 케이크의 양은 전체의 $\frac{2}{8}$ 입니다.

연산훈련문제 본문 p. 92

1 (1) $1 + \dfrac{2}{4} = 1\dfrac{2}{4}$

(2) $3 + \dfrac{5}{7} = 3\dfrac{5}{7}$

(3) $\dfrac{6}{9} + 4 = 4\dfrac{6}{9}$

(4) $\dfrac{3}{11} + 6 = 6\dfrac{3}{11}$

(5) $2 + 3 + \dfrac{8}{13} = 5 + \dfrac{8}{13}$
$= 5\dfrac{8}{13}$

(6) $\dfrac{4}{15} + \dfrac{5}{15} + 7 = \dfrac{4+5}{15} + 7$
$= \dfrac{9}{15} + 7 = 7\dfrac{9}{15}$

2 (1) $1 - \dfrac{1}{3} = \dfrac{3}{3} - \dfrac{1}{3} = \dfrac{3-1}{3} = \dfrac{2}{3}$

(2) $1 - \dfrac{3}{4} = \dfrac{4}{4} - \dfrac{3}{4} = \dfrac{4-3}{4} = \dfrac{1}{4}$

(3) $1 - \dfrac{4}{6} = \dfrac{6}{6} - \dfrac{4}{6} = \dfrac{6-4}{6} = \dfrac{2}{6}$

(4) $1 - \dfrac{5}{7} = \dfrac{7}{7} - \dfrac{5}{7} = \dfrac{7-5}{7} = \dfrac{2}{7}$

3 (1) $2 - \dfrac{1}{2} = (1+1) - \dfrac{1}{2} = \left(1 + \dfrac{2}{2}\right) - \dfrac{1}{2}$
$= 1 + \left(\dfrac{2}{2} - \dfrac{1}{2}\right) = 1 + \dfrac{2-1}{2}$
$= 1 + \dfrac{1}{2} = 1\dfrac{1}{2}$

(2) $3 - \dfrac{2}{3} = (2+1) - \dfrac{2}{3} = \left(2 + \dfrac{3}{3}\right) - \dfrac{2}{3}$
$= 2 + \left(\dfrac{3}{3} - \dfrac{2}{3}\right) = 2 + \dfrac{3-2}{3}$
$= 2 + \dfrac{1}{3} = 2\dfrac{1}{3}$

(3) $4 - \dfrac{3}{5} = (3+1) - \dfrac{3}{5} = \left(3 + \dfrac{5}{5}\right) - \dfrac{3}{5}$
$= 3 + \left(\dfrac{5}{5} - \dfrac{3}{5}\right) = 3 + \dfrac{2}{5} = 3\dfrac{2}{5}$

(4) $5 - \dfrac{4}{7} = (4+1) - \dfrac{4}{7} = \left(4 + \dfrac{7}{7}\right) - \dfrac{4}{7}$
$= 4 + \left(\dfrac{7}{7} - \dfrac{4}{7}\right) = 4 + \dfrac{7-4}{7}$
$= 4 + \dfrac{3}{7} = 4\dfrac{3}{7}$

(5) $6 - \dfrac{5}{9} = (5+1) - \dfrac{5}{9} = \left(5 + \dfrac{9}{9}\right) - \dfrac{5}{9}$
$= 5 + \left(\dfrac{9}{9} - \dfrac{5}{9}\right) = 5 + \dfrac{9-5}{9}$
$= 5 + \dfrac{4}{9} = 5\dfrac{4}{9}$

(6) $7 - \dfrac{6}{11} = (6+1) - \dfrac{6}{11} = \left(6 + \dfrac{11}{11}\right) - \dfrac{6}{11}$
$= 6 + \left(\dfrac{11}{11} - \dfrac{6}{11}\right) = 6 + \dfrac{11-6}{11}$
$= 6 + \dfrac{5}{11} = 6\dfrac{5}{11}$

4 (1) $1 - \dfrac{4}{5} = \dfrac{5}{5} - \dfrac{4}{5} = \dfrac{5-4}{5} = \dfrac{1}{5}$

(2) $3 - \dfrac{4}{6} = (2+1) - \dfrac{4}{6} = \left(2 + \dfrac{6}{6}\right) - \dfrac{4}{6}$
$= 2 + \left(\dfrac{6}{6} - \dfrac{4}{6}\right) = 2 + \dfrac{6-4}{6}$
$= 2 + \dfrac{2}{6} = 2\dfrac{2}{6}$

(3) $1 - \dfrac{2}{6} - \dfrac{3}{6} = \dfrac{6}{6} - \dfrac{2}{6} - \dfrac{3}{6}$
$= \dfrac{6-2-3}{6} = \dfrac{1}{6}$

(4) $4 - \dfrac{5}{8} - \dfrac{2}{8} = (3+1) - \dfrac{5}{8} - \dfrac{2}{8}$
$= \left(3 + \dfrac{8}{8}\right) - \dfrac{5}{8} - \dfrac{2}{8}$
$= 3 + \left(\dfrac{8}{8} - \dfrac{5}{8} - \dfrac{2}{8}\right)$
$= 3 + \dfrac{8-5-2}{8}$
$= 3 + \dfrac{1}{8} = 3\dfrac{1}{8}$

(5) $1 - \dfrac{1}{7} - \dfrac{2}{7} - \dfrac{3}{7} = \dfrac{7}{7} - \dfrac{1}{7} - \dfrac{2}{7} - \dfrac{3}{7}$
$= \dfrac{7-1-2-3}{7}$
$= \dfrac{1}{7}$

(6) $5 - \dfrac{1}{10} - \dfrac{1}{10} - \dfrac{1}{10}$
$= (4+1) - \dfrac{1}{10} - \dfrac{1}{10} - \dfrac{1}{10}$

$$=\left(4+\frac{10}{10}\right)-\frac{1}{10}-\frac{1}{10}-\frac{1}{10}$$

$$=4+\left(\frac{10}{10}-\frac{1}{10}-\frac{1}{10}-\frac{1}{10}\right)$$

$$=4+\frac{10-1-1-1}{10}$$

$$=4+\frac{7}{10}=4\frac{7}{10}$$

5 (1) $\dfrac{2}{4}+\dfrac{2}{4}+\dfrac{2}{4}=\dfrac{2+2+2}{4}=\dfrac{6}{4}=1\dfrac{2}{4}$

(2) $2+\dfrac{3}{5}-\dfrac{2}{5}=2+\left(\dfrac{3}{5}-\dfrac{2}{5}\right)$

$$=2+\frac{1}{5}=2\frac{1}{5}$$

(3) $3-\dfrac{4}{7}+\dfrac{2}{7}=(2+1)-\dfrac{4}{7}+\dfrac{2}{7}$

$$=\left(2+\frac{7}{7}\right)-\frac{4}{7}+\frac{2}{7}$$

$$=2+\left(\frac{7}{7}-\frac{4}{7}+\frac{2}{7}\right)$$

$$=2+\frac{7-4+2}{7}$$

$$=2+\frac{5}{7}=2\frac{5}{7}$$

(4) $4-\dfrac{5}{8}+\dfrac{3}{8}=(3+1)-\dfrac{5}{8}+\dfrac{3}{8}$

$$=\left(3+\frac{8}{8}\right)-\frac{5}{8}+\frac{3}{8}$$

$$=3+\left(\frac{8}{8}-\frac{5}{8}+\frac{3}{8}\right)$$

$$=3+\frac{8-5+3}{8}$$

$$=3+\frac{6}{8}=3\frac{6}{8}$$

6 (1) $4+\square+\dfrac{3}{4}=6\dfrac{3}{4}$ 에서

$4+\square+\dfrac{3}{4}=6+\dfrac{3}{4}$, $4+\square=6$이므로

$\square=2$

(2) $\dfrac{2}{5}+\dfrac{\square}{5}+\dfrac{2}{5}=1\dfrac{2}{5}$ 에서

$\dfrac{2}{5}+\dfrac{\square}{5}+\dfrac{2}{5}=\dfrac{7}{5}$, $\dfrac{2+\square+2}{5}=\dfrac{7}{5}$

$2+\square+2=7$이므로

$\square=3$

(3) $2+3-\dfrac{\square}{7}=4\dfrac{5}{7}$ 에서

$5-\dfrac{\square}{7}=4\dfrac{5}{7}$, $(4+1)-\dfrac{\square}{7}=4\dfrac{5}{7}$

$\left(4+\dfrac{7}{7}\right)-\dfrac{\square}{7}=4\dfrac{5}{7}$

$4+\left(\dfrac{7}{7}-\dfrac{\square}{7}\right)=4+\dfrac{5}{7}$

$\dfrac{7-\square}{7}=\dfrac{5}{7}$, $7-\square=5$이므로

$\square=2$

(4) $7-\dfrac{5}{9}+\dfrac{\square}{9}=6\dfrac{7}{9}$ 에서

$(6+1)-\dfrac{5}{9}+\dfrac{\square}{9}=6\dfrac{7}{9}$

$\left(6+\dfrac{9}{9}\right)-\dfrac{5}{9}+\dfrac{\square}{9}=6\dfrac{7}{9}$

$6+\left(\dfrac{9}{9}-\dfrac{5}{9}+\dfrac{\square}{9}\right)=6\dfrac{7}{9}$

$6+\dfrac{9-5+\square}{9}=6+\dfrac{7}{9}$

$9-5+\square=7$이므로

$\square=3$

7 5보다 $\dfrac{4}{9}$ 만큼 작은 수는

$5-\dfrac{4}{9}=(4+1)-\dfrac{4}{9}$

$$=\left(4+\frac{9}{9}\right)-\frac{4}{9}$$

$$=4+\left(\frac{9}{9}-\frac{4}{9}\right)$$

$$=4+\frac{9-4}{9}$$

$$=4+\frac{5}{9}=4\frac{5}{9}$$

8 $7-\dfrac{1}{5}=(6+1)-\dfrac{1}{5}=6+\left(\dfrac{5}{5}-\dfrac{1}{5}\right)$

$$=6+\frac{5-1}{5}=6+\frac{4}{5}$$

따라서 $6+\dfrac{2}{5}$ 와 $7-\dfrac{1}{5}$ 의 차는

$\left(7-\dfrac{1}{5}\right)-\left(6+\dfrac{2}{5}\right)$

$=\left(6+\dfrac{4}{5}\right)-\left(6+\dfrac{2}{5}\right)$

$=(6-6)+\left(\dfrac{4}{5}-\dfrac{2}{5}\right)$

$=\dfrac{4}{5}-\dfrac{2}{5}=\dfrac{2}{5}$

9
$$2 - \frac{4}{9} = (1+1) - \frac{4}{9} = \left(1 + \frac{9}{9}\right) - \frac{4}{9}$$
$$= 1 + \left(\frac{9}{9} - \frac{4}{9}\right) = 1 + \frac{9-4}{9}$$
$$= 1 + \frac{5}{9} = \frac{9}{9} + \frac{5}{9}$$
$$= \frac{9+5}{9} = \frac{14}{9}$$

$$2 + \frac{3}{9} = \frac{18}{9} + \frac{3}{9} = \frac{18+3}{9} = \frac{21}{9}$$

$2 - \dfrac{4}{9} < \dfrac{\square}{9} < 2 + \dfrac{3}{9}$ 에서

$\dfrac{14}{9} < \dfrac{\square}{9} < \dfrac{21}{9}$ 이므로

$\square$=15, 16, 17, 18, 19, 20으로 모두 **6**개입니다.

10 어머니와 승우가 먹은 식빵은 모두

$2 + \dfrac{4}{5} = 2\dfrac{4}{5}$ (개)입니다.

11
$$10 - 3 - \frac{7}{9} = 7 - \frac{7}{9}$$
$$= (6+1) - \frac{7}{9}$$
$$= \left(6 + \frac{9}{9}\right) - \frac{7}{9}$$
$$= 6 + \left(\frac{9}{9} - \frac{7}{9}\right)$$
$$= 6 + \frac{2}{9} = 6\frac{2}{9}$$

따라서 남아있는 쌀의 양은 모두 $6\dfrac{2}{9}$ kg입니다.

12 예준이의 우유가 남아있는 양은

$1 - \dfrac{6}{8} = \dfrac{8}{8} - \dfrac{6}{8} = \dfrac{8-6}{8} = \dfrac{2}{8}$ (L)

호수의 우유가 남아있는 양은

$1 - \dfrac{4}{8} = \dfrac{8}{8} - \dfrac{4}{8} = \dfrac{8-4}{8} = \dfrac{4}{8}$ (L)

따라서 남아있는 우유가 더 많은 사람은 호수입니다.

13 처음 서진이가 가지고 있던 끈의 길이를 $\square$ cm라 하면 처음 끈에서 실수로 $\dfrac{7}{9}$ cm만큼 잘라버렸더니 $\dfrac{7}{9}$ cm가 되었으므로

$\square - \dfrac{7}{9} = \dfrac{7}{9}$ 입니다.

$\square = \dfrac{7}{9} + \dfrac{7}{9} = \dfrac{7+7}{9} = \dfrac{14}{9}$

원래대로 끈을 붙였다면 전체 끈의 길이는

$\dfrac{14}{9} + \dfrac{7}{9} = \dfrac{14+7}{9} = \dfrac{21}{9} = 2\dfrac{3}{9}$ (cm)

입니다.

받아올림이 없는 대분수의 덧셈

 연산훈련문제　　　본문 p. 96

1 (1) $2+1\dfrac{2}{3}=(2+1)+\dfrac{2}{3}=3+\dfrac{2}{3}=3\dfrac{2}{3}$

(2) $2\dfrac{3}{4}+5=(2+5)+\dfrac{3}{4}=7+\dfrac{3}{4}=7\dfrac{3}{4}$

(3) $3\dfrac{2}{5}+2=(3+2)+\dfrac{2}{5}=5+\dfrac{2}{5}=5\dfrac{2}{5}$

(4) $3+4\dfrac{2}{6}=(3+4)+\dfrac{2}{6}=7+\dfrac{2}{6}=7\dfrac{2}{6}$

2 (1) $1\dfrac{1}{4}+2\dfrac{2}{4}=(1+2)+\left(\dfrac{1}{4}+\dfrac{2}{4}\right)$

$=3+\dfrac{1+2}{4}=3+\dfrac{3}{4}$

$=3\dfrac{3}{4}$

(2) $2\dfrac{1}{5}+1\dfrac{3}{5}=(2+1)+\left(\dfrac{1}{5}+\dfrac{3}{5}\right)$

$=3+\dfrac{1+3}{5}=3+\dfrac{4}{5}$

$=3\dfrac{4}{5}$

(3) $3\dfrac{3}{7}+2\dfrac{4}{7}=(3+2)+\left(\dfrac{3}{7}+\dfrac{4}{7}\right)$

$=(3+2)+\dfrac{3+4}{7}=5+\dfrac{7}{7}$

$=5+1=6$

(4) $4\dfrac{2}{8}+1\dfrac{5}{8}=(4+1)+\left(\dfrac{2}{8}+\dfrac{5}{8}\right)$

$=(4+1)+\dfrac{2+5}{8}=5+\dfrac{7}{8}$

$=5\dfrac{7}{8}$

3 (1) $1\dfrac{1}{3}+2\dfrac{1}{3}=(1+2)+\left(\dfrac{1}{3}+\dfrac{1}{3}\right)$

$=3+\dfrac{1+1}{3}=3+\dfrac{2}{3}$

$=3\dfrac{2}{3}$

(2) $2\dfrac{1}{4}+1\dfrac{2}{4}=(2+1)+\left(\dfrac{1}{4}+\dfrac{2}{4}\right)$

$=3+\dfrac{1+2}{4}=3+\dfrac{3}{4}$

$=3\dfrac{3}{4}$

(3) $1\dfrac{1}{5}+2\dfrac{2}{5}+3\dfrac{2}{5}$

$=(1+2+3)+\left(\dfrac{1}{5}+\dfrac{2}{5}+\dfrac{2}{5}\right)$

$=6+\dfrac{1+2+2}{5}=6+\dfrac{5}{5}$

$=6+1=7$

(4) $3\dfrac{2}{6}+2\dfrac{2}{6}+1\dfrac{2}{6}$

$=(3+2+1)+\left(\dfrac{2}{6}+\dfrac{2}{6}+\dfrac{2}{6}\right)$

$=6+\dfrac{2+2+2}{6}=6+\dfrac{6}{6}$

$=6+1=7$

4 (1) $1\dfrac{1}{4}+2\dfrac{1}{4}=\dfrac{5}{4}+\dfrac{9}{4}=\dfrac{5+9}{4}$

$=\dfrac{14}{4}=3\dfrac{2}{4}$

(2) $2\dfrac{4}{5}+1\dfrac{2}{5}=\dfrac{14}{5}+\dfrac{7}{5}=\dfrac{14+7}{5}$

$=\dfrac{21}{5}=4\dfrac{1}{5}$

(3) $3\dfrac{3}{6}+2\dfrac{4}{6}=\dfrac{21}{6}+\dfrac{16}{6}=\dfrac{21+16}{6}$

$=\dfrac{37}{6}=6\dfrac{1}{6}$

(4) $2\dfrac{5}{7}+4\dfrac{3}{7}=\dfrac{19}{7}+\dfrac{31}{7}=\dfrac{19+31}{7}$

$=\dfrac{50}{7}=7\dfrac{1}{7}$

5 (1) $1\dfrac{2}{6}+3\dfrac{1}{6}=\dfrac{8}{6}+\dfrac{19}{6}=\dfrac{8+19}{6}$

$=\dfrac{27}{6}=4\dfrac{3}{6}$

(2) $3\dfrac{3}{7}+2\dfrac{1}{7}+1\dfrac{2}{7}=\dfrac{24}{7}+\dfrac{15}{7}+\dfrac{9}{7}$

$=\dfrac{24+15+9}{7}=\dfrac{48}{7}$

$=6\dfrac{6}{7}$

(3) $\dfrac{9}{8}+\dfrac{21}{8}=1\dfrac{1}{8}+2\dfrac{5}{8}$

$=(1+2)+\left(\dfrac{1}{8}+\dfrac{5}{8}\right)$

$=3+\dfrac{6}{8}=3\dfrac{6}{8}$

(4) $\dfrac{10}{9}+\dfrac{20}{9}+\dfrac{30}{9}$

$=1\dfrac{1}{9}+2\dfrac{2}{9}+3\dfrac{3}{9}$

$=(1+2+3)+\left(\dfrac{1}{9}+\dfrac{2}{9}+\dfrac{3}{9}\right)$

$=6+\dfrac{1+2+3}{9}=6+\dfrac{6}{9}$

$=6\dfrac{6}{9}$

6 (1) $1+\blacksquare\dfrac{\bigcirc}{\bullet}=2\dfrac{3}{4}$ 에서

$(1+\blacksquare)+\dfrac{\bigcirc}{\bullet}=2+\dfrac{3}{4}$

$1+\blacksquare=2,\ \dfrac{\bigcirc}{\bullet}=\dfrac{3}{4}$ 이므로

$\blacksquare=1$ 입니다.

따라서 $\blacksquare\dfrac{\bigcirc}{\bullet}=1\dfrac{3}{4}$ 입니다.

(2) $\dfrac{\bigcirc}{\bullet}+1=3\dfrac{4}{5}$ 에서

$\dfrac{\bigcirc}{\bullet}+\dfrac{5}{5}=\dfrac{19}{5},\ \bigcirc+5=19$ 이므로

$\bigcirc=14$ 입니다.

따라서 $\dfrac{\bigcirc}{\bullet}=\dfrac{14}{5}$ 입니다.

(3) $\blacksquare\dfrac{\bigcirc}{\bullet}+1\dfrac{2}{6}=4\dfrac{5}{6}$ 에서

$(\blacksquare+1)+\left(\dfrac{\bigcirc}{\bullet}+\dfrac{2}{6}\right)=4\dfrac{5}{6}$

$\blacksquare+1=4,\ \dfrac{\bigcirc}{\bullet}+\dfrac{2}{6}=\dfrac{5}{6}$ 이므로

$\blacksquare=3,\ \dfrac{\bigcirc}{\bullet}=\dfrac{3}{6}$ 입니다.

따라서 $\blacksquare\dfrac{\bigcirc}{\bullet}=3\dfrac{3}{6}$ 입니다.

(4) $3\dfrac{2}{7}+\dfrac{\bigcirc}{\bullet}=5\dfrac{6}{7}$ 에서

$\dfrac{23}{7}+\dfrac{\bigcirc}{\bullet}=\dfrac{41}{7},\ 23+\bigcirc=41$ 이므로

$\bigcirc=18$ 입니다.

따라서 $\dfrac{\bigcirc}{\bullet}=\dfrac{18}{7}$ 입니다.

(5) $1\dfrac{2}{9}+\blacksquare\dfrac{\bigcirc}{\bullet}=\dfrac{33}{9}$ 에서

$1\dfrac{2}{9}+\blacksquare\dfrac{\bigcirc}{\bullet}=3\dfrac{6}{9}$

$(1+\blacksquare)+\left(\dfrac{2}{9}+\dfrac{\bigcirc}{\bullet}\right)=3\dfrac{6}{9}$

$1+\blacksquare=3,\ \dfrac{2}{9}+\dfrac{\bigcirc}{\bullet}=\dfrac{6}{9}$ 이므로

$\blacksquare=2,\ \dfrac{\bigcirc}{\bullet}=\dfrac{4}{9}$ 입니다.

따라서 $\blacksquare\dfrac{\bigcirc}{\bullet}=2\dfrac{4}{9}$ 입니다.

(6) $\dfrac{\bigcirc}{\bullet}+\dfrac{14}{10}=3\dfrac{9}{10}$ 에서

$\dfrac{\bigcirc}{\bullet}+\dfrac{14}{10}=\dfrac{39}{10}$

$\bigcirc+14=39$ 이므로

$\bigcirc=25$ 입니다.

따라서 $\dfrac{\bigcirc}{\bullet}=\dfrac{25}{10}$ 입니다.

| 다른풀이 |

(1) $1+\dfrac{\square}{\square}=2\dfrac{3}{4}$ 에서

$\dfrac{\square}{\square}=2\dfrac{3}{4}-1=(2-1)+\dfrac{3}{4}$

$=1+\dfrac{3}{4}=1\dfrac{3}{4}$

(2) $\dfrac{\square}{\square}+1=3\dfrac{4}{5}$ 에서

$\dfrac{\square}{\square}=3\dfrac{4}{5}-1=\dfrac{19}{5}-\dfrac{5}{5}$

$=\dfrac{19-5}{5}=\dfrac{14}{5}$

(3) $\dfrac{\square}{\square}+1\dfrac{2}{6}=4\dfrac{5}{6}$ 에서

$\dfrac{\square}{\square}=4\dfrac{5}{6}-1\dfrac{2}{6}=(4-1)+\left(\dfrac{5}{6}-\dfrac{2}{6}\right)$

$=3+\dfrac{5-2}{6}=3+\dfrac{3}{6}=3\dfrac{3}{6}$

(4) $3\dfrac{2}{7}+\dfrac{\square}{\square}=5\dfrac{6}{7}$ 에서

$\dfrac{\square}{\square}=5\dfrac{6}{7}-3\dfrac{2}{7}=\dfrac{41}{7}-\dfrac{23}{7}$

$=\dfrac{41-23}{7}=\dfrac{18}{7}$

(5) $1\dfrac{2}{9}+\dfrac{\square}{\square}=\dfrac{33}{9}$ 에서

$\dfrac{\square}{\square}=\dfrac{33}{9}-1\dfrac{2}{9}=3\dfrac{6}{9}-1\dfrac{2}{9}$

$=(3-1)+\left(\dfrac{6}{9}-\dfrac{2}{9}\right)$

$=2+\dfrac{6-2}{9}=2+\dfrac{4}{9}$

$=2\dfrac{4}{9}$

(6) $\dfrac{\square}{\square}+\dfrac{14}{10}=3\dfrac{9}{10}$ 에서

$\dfrac{\square}{\square}=3\dfrac{9}{10}-\dfrac{14}{10}=\dfrac{39}{10}-\dfrac{14}{10}$

$$=\frac{39-14}{10}=\frac{25}{10}$$

7 $3\frac{4}{9}$ 보다 $\frac{13}{9}$ 만큼 큰 수는

$$3\frac{4}{9}+\frac{13}{9}=3\frac{4}{9}+1\frac{4}{9}$$
$$=(3+1)+\left(\frac{4}{9}+\frac{4}{9}\right)$$
$$=4+\frac{4+4}{9}=4+\frac{8}{9}$$
$$=4\frac{8}{9}$$

| 다른풀이 |

$$3\frac{4}{9}+\frac{13}{9}=\frac{31}{9}+\frac{13}{9}=\frac{31+13}{9}=\frac{44}{9}=4\frac{8}{9}$$

8 $2\frac{3}{7}+\frac{25}{7}=2\frac{3}{7}+3\frac{4}{7}$

$$=(2+3)+\left(\frac{3}{7}+\frac{4}{7}\right)$$
$$=5+\frac{3+4}{7}=5+\frac{7}{7}$$
$$=5+1=6$$
$$2\frac{3}{7}+\frac{25}{7}=\frac{\square}{10}+5\frac{2}{10} \text{에서}$$
$$2\frac{3}{7}+\frac{25}{7}=\frac{\square}{10}+\frac{52}{10}$$
$$6=\frac{\square}{10}+\frac{52}{10},\ \frac{60}{10}=\frac{\square+52}{10}$$
$$60=\square+52\text{이므로}$$
$$\square=8$$

9 직사각형의 둘레는

$$2+2+4\frac{3}{8}+4\frac{3}{8}$$
$$=(2+2+4+4)+\left(\frac{3}{8}+\frac{3}{8}\right)$$
$$=12+\frac{3+3}{8}=12+\frac{6}{8}$$
$$=12\frac{6}{8}\,(\text{cm})$$

10 첫번째로 큰 수는 $6\frac{1}{10}$ 이고 두 번째로 큰 수는

$5\frac{2}{10}$ 입니다.

따라서 덧셈의 결과가 가장 큰 값은

$$6\frac{1}{10}+5\frac{2}{10}=(6+5)+\left(\frac{1}{10}+\frac{2}{10}\right)$$
$$=11+\frac{1+2}{10}=11+\frac{3}{10}$$
$$=11\frac{3}{10}$$

11 $4+3\frac{3}{5}+2\frac{1}{5}=(4+3+2)+\left(\frac{3}{5}+\frac{1}{5}\right)$

$$=9+\frac{3+1}{5}=9+\frac{4}{5}$$
$$=9\frac{4}{5}$$

따라서 슬기네 모둠이 가져온 색종이는 모두

$9\frac{4}{5}$ 장입니다.

12 $5\frac{2}{9}+3\frac{5}{9}=(5+3)+\left(\frac{2}{9}+\frac{5}{9}\right)$

$$=8+\frac{2+5}{9}=8+\frac{7}{9}$$
$$=8\frac{7}{9}$$

따라서 오늘 준서가 캔 농작물의 무게는 모두

$8\frac{7}{9}$ kg입니다.

13 $1\frac{3}{12}+1\frac{3}{12}+\frac{5}{12}$

$$=(1+1)+\left(\frac{3}{12}+\frac{3}{12}+\frac{5}{12}\right)$$
$$=2+\frac{3+3+5}{12}$$
$$=2+\frac{11}{12}=2\frac{11}{12}\,(\text{km})$$

받아올림이 있는
대분수의 덧셈

 연산훈련문제 　　　　　　　본문 p. 100

1 (1) $1\frac{2}{3}+\frac{2}{3}=1+\left(\frac{2}{3}+\frac{2}{3}\right)=1+\frac{4}{3}$

$\qquad =1+1\frac{1}{3}=(1+1)+\frac{1}{3}$

$\qquad =2+\frac{1}{3}=2\frac{1}{3}$

(2) $\frac{4}{5}+2\frac{2}{5}=2+\left(\frac{4}{5}+\frac{2}{5}\right)=2+\frac{6}{5}$

$\qquad =2+1\frac{1}{5}=(2+1)+\frac{1}{5}$

$\qquad =3+\frac{1}{5}=3\frac{1}{5}$

(3) $3\frac{4}{7}+\frac{5}{7}=3+\left(\frac{4}{7}+\frac{5}{7}\right)=3+\frac{9}{7}$

$\qquad =3+1\frac{2}{7}=(3+1)+\frac{2}{7}$

$\qquad =4+\frac{2}{7}=4\frac{2}{7}$

(4) $\frac{6}{9}+4\frac{8}{9}=4+\left(\frac{6}{9}+\frac{8}{9}\right)=4+\frac{14}{9}$

$\qquad =4+1\frac{5}{9}=(4+1)+\frac{5}{9}$

$\qquad =5+\frac{5}{9}=5\frac{5}{9}$

2 (1) $2\frac{1}{4}+3\frac{3}{4}=(2+3)+\left(\frac{1}{4}+\frac{3}{4}\right)$

$\qquad =5+\frac{4}{4}=5+1$

$\qquad =6$

(2) $1\frac{5}{6}+4\frac{3}{6}=(1+4)+\left(\frac{5}{6}+\frac{3}{6}\right)$

$\qquad =5+\frac{8}{6}=5+1\frac{2}{6}$

$\qquad =(5+1)+\frac{2}{6}=6+\frac{2}{6}$

$\qquad =6\frac{2}{6}$

(3) $3\frac{6}{8}+1\frac{5}{8}=(3+1)+\left(\frac{6}{8}+\frac{5}{8}\right)$

$\qquad =4+\frac{11}{8}=4+1\frac{3}{8}$

$\qquad =(4+1)+\frac{3}{8}=5+\frac{3}{8}$

$\qquad =5\frac{3}{8}$

(4) $3\frac{7}{9}+2\frac{6}{9}=(3+2)+\left(\frac{7}{9}+\frac{6}{9}\right)$

$\qquad =5+\frac{13}{9}=5+1\frac{4}{9}$

$\qquad =(5+1)+\frac{4}{9}=6+\frac{4}{9}$

$\qquad =6\frac{4}{9}$

(5) $2\frac{8}{10}+2\frac{5}{10}=(2+2)+\left(\frac{8}{10}+\frac{5}{10}\right)$

$\qquad =4+\frac{13}{10}=4+1\frac{3}{10}$

$\qquad =(4+1)+\frac{3}{10}=5+\frac{3}{10}$

$\qquad =5\frac{3}{10}$

(6) $5\frac{10}{13}+3\frac{7}{13}=(5+3)+\left(\frac{10}{13}+\frac{7}{13}\right)$

$\qquad =8+\frac{17}{13}=8+1\frac{4}{13}$

$\qquad =(8+1)+\frac{4}{13}=9+\frac{4}{13}$

$\qquad =9\frac{4}{13}$

3 (1) $1\frac{3}{4}+2\frac{2}{4}=\frac{7}{4}+\frac{10}{4}$

$\qquad =\frac{17}{4}=4\frac{1}{4}$

(2) $3\frac{4}{5}+2\frac{3}{5}=\frac{19}{5}+\frac{13}{5}$

$\qquad =\frac{32}{5}=6\frac{2}{5}$

(3) $5\frac{5}{7}+3\frac{4}{7}=\frac{40}{7}+\frac{25}{7}$

$\qquad =\frac{65}{7}=9\frac{2}{7}$

(4) $2\frac{3}{8}+4\frac{5}{8}=\frac{19}{8}+\frac{37}{8}$

$\qquad =\frac{56}{8}=7$

(5) $2\frac{4}{9}+4\frac{8}{9}=\frac{22}{9}+\frac{44}{9}$

$\qquad =\frac{66}{9}=7\frac{3}{9}$

(6) $3\frac{7}{10}+5\frac{4}{10}=\frac{37}{10}+\frac{54}{10}$

$\qquad =\frac{91}{10}=9\frac{1}{10}$

| 다른풀이 |

(1) $1\frac{3}{4}+2\frac{2}{4}=(1+2)+\left(\frac{3}{4}+\frac{2}{4}\right)$

$\qquad =3+\frac{5}{4}=3+1\frac{1}{4}$

$\qquad =4\frac{1}{4}$

(2) $3\frac{4}{5}+2\frac{3}{5}=(3+2)+\left(\frac{4}{5}+\frac{3}{5}\right)$

$\qquad =5+\frac{7}{5}=5+1\frac{2}{5}$

$\qquad =6\frac{2}{5}$

(3) $5\frac{5}{7}+3\frac{4}{7}=(5+3)+\left(\frac{5}{7}+\frac{4}{7}\right)$

$\qquad =8+\frac{9}{7}=8+1\frac{2}{7}$

$\qquad =9\frac{2}{7}$

(4) $2\frac{3}{8}+4\frac{5}{8}=(2+4)+\left(\frac{3}{8}+\frac{5}{8}\right)$

$\qquad =6+\frac{8}{8}=6+1$

$\qquad =7$

(5) $2\frac{4}{9}+4\frac{8}{9}=(2+4)+\left(\frac{4}{9}+\frac{8}{9}\right)$

$\qquad =6+\frac{12}{9}=6+1\frac{3}{9}$

$\qquad =7\frac{3}{9}$

(6) $3\frac{7}{10}+5\frac{4}{10}=(3+5)+\left(\frac{7}{10}+\frac{4}{10}\right)$

$\qquad =8+\frac{11}{10}=8+1\frac{1}{10}$

$\qquad =9\frac{1}{10}$

4 (1) $1\frac{3}{4}+2\frac{2}{4}+4\frac{1}{4}$

$\qquad =(1+2+4)+\left(\frac{3}{4}+\frac{2}{4}+\frac{1}{4}\right)$

$\qquad =7+\frac{6}{4}=7+1\frac{2}{4}$

$\qquad =8\frac{2}{4}$

(2) $3\frac{1}{5}+2\frac{2}{5}+1\frac{3}{5}$

$\qquad =(3+2+1)+\left(\frac{1}{5}+\frac{2}{5}+\frac{3}{5}\right)$

$\qquad =6+\frac{6}{5}=6+1\frac{1}{5}$

$\qquad =7\frac{1}{5}$

(3) $1\frac{8}{9}+2\frac{7}{9}+3\frac{6}{9}$

$\qquad =(1+2+3)+\left(\frac{8}{9}+\frac{7}{9}+\frac{6}{9}\right)$

$\qquad =6+\frac{21}{9}=6+2\frac{3}{9}$

$\qquad =8\frac{3}{9}$

(4) $4\frac{5}{11}+2\frac{6}{11}+1\frac{7}{11}$

$\qquad =(4+2+1)+\left(\frac{5}{11}+\frac{6}{11}+\frac{7}{11}\right)$

$\qquad =7+\frac{18}{11}=7+1\frac{7}{11}$

$\qquad =8\frac{7}{11}$

5 (1) $\frac{4}{6}-\frac{2}{6}+3\frac{5}{6}$

$\qquad =3+\left(\frac{4}{6}-\frac{2}{6}+\frac{5}{6}\right)$

$\qquad =3+\frac{7}{6}=3+1\frac{1}{6}$

$\qquad =4\frac{1}{6}$

(2) $4\frac{7}{8}+\frac{14}{8}-\frac{4}{8}$

$\qquad =4\frac{7}{8}+1\frac{6}{8}-\frac{4}{8}$

$\qquad =(4+1)+\left(\frac{7}{8}+\frac{6}{8}-\frac{4}{8}\right)$

$\qquad =5+\frac{9}{8}=5+1\frac{1}{8}$

$\qquad =6\frac{1}{8}$

(3) $5\frac{8}{10}-\frac{20}{10}+\frac{13}{10}$

$\qquad =5\frac{8}{10}-2+1\frac{3}{10}$

$\qquad =(5-2+1)+\left(\frac{8}{10}+\frac{3}{10}\right)$

$\qquad =4+\frac{11}{10}=4+1\frac{1}{10}$

$\qquad =5\frac{1}{10}$

(4) $2\frac{9}{12}-\frac{2}{12}+3\frac{7}{12}$

$\qquad =(2+3)+\left(\frac{9}{12}-\frac{2}{12}+\frac{7}{12}\right)$

$\qquad =5+\frac{14}{12}=5+1\frac{2}{12}$

$\qquad =6\frac{2}{12}$

6 (1) $1\frac{2}{3}+2\frac{2}{3}-3\frac{1}{3}$

$=\frac{5}{3}+\frac{8}{3}-\frac{10}{3}=\frac{3}{3}$

$=1$

(2) $4\frac{3}{5}-2+\frac{7}{5}$

$=\frac{23}{5}-\frac{10}{5}+\frac{7}{5}=\frac{20}{5}$

$=4$

(3) $2\frac{7}{9}-\frac{11}{9}+4\frac{8}{9}$

$=2\frac{7}{9}-1\frac{2}{9}+4\frac{8}{9}$

$=(2-1+4)+\left(\frac{7}{9}-\frac{2}{9}+\frac{8}{9}\right)$

$=5+\frac{13}{9}=5+1\frac{4}{9}$

$=6\frac{4}{9}$

(4) $2\frac{9}{12}+1\frac{11}{12}-4$

$=(2+1)+\left(\frac{9}{12}+\frac{11}{12}\right)-4$

$=3+\frac{20}{12}-4=3+1\frac{8}{12}-4$

$=(3+1-4)+\frac{8}{12}$

$=\frac{8}{12}$

| 다른풀이 |

(1) $1\frac{2}{3}+2\frac{2}{3}-3\frac{1}{3}=(1+2-3)+\left(\frac{2}{3}+\frac{2}{3}-\frac{1}{3}\right)$

$=0+\frac{3}{3}$

$=1$

(2) $4\frac{3}{5}-2+\frac{7}{5}=4\frac{3}{5}-2+1\frac{2}{5}$

$=(4-2+1)+\left(\frac{3}{5}+\frac{2}{5}\right)$

$=3+\frac{5}{5}=3+1$

$=4$

(3) $2\frac{7}{9}-\frac{11}{9}+4\frac{8}{9}=\frac{25}{9}-\frac{11}{9}+\frac{44}{9}$

$=\frac{58}{9}=6\frac{4}{9}$

(4) $2\frac{9}{12}+1\frac{11}{12}-4$

$=\frac{33}{12}+\frac{23}{12}-\frac{48}{12}=\frac{8}{12}$

7 $\frac{15}{8}=1\frac{7}{8}$이므로 $1\frac{3}{8}$보다 크고 $\frac{15}{8}$보다 작은 분수들은 $1\frac{4}{8}$, $1\frac{5}{8}$, $1\frac{6}{8}$입니다.

이 분수들의 합은

$1\frac{4}{8}+1\frac{5}{8}+1\frac{6}{8}$

$=(1+1+1)+\left(\frac{4}{8}+\frac{5}{8}+\frac{6}{8}\right)$

$=3+\frac{15}{8}=3+1\frac{7}{8}$

$=4\frac{7}{8}$

| 다른풀이 |

$1\frac{3}{8}=\frac{11}{8}$이므로 $1\frac{3}{8}$보다 크고 $\frac{15}{8}$보다 작은 분수들은 $\frac{12}{8}$, $\frac{13}{8}$, $\frac{14}{8}$입니다.

이 분수들의 합은

$\frac{12}{8}+\frac{13}{8}+\frac{14}{8}=\frac{12+13+14}{8}$

$=\frac{39}{8}=4\frac{7}{8}$

8 $2\frac{4}{9}+1\frac{7}{9}=(2+1)+\left(\frac{4}{9}+\frac{7}{9}\right)$

$=3+\frac{11}{9}=3+1\frac{2}{9}$

$=4\frac{2}{9}=\frac{38}{9}$

$3\frac{7}{9}+\frac{6}{9}=3+\left(\frac{7}{9}+\frac{6}{9}\right)$

$=3+\frac{13}{9}=3+1\frac{4}{9}$

$=4\frac{4}{9}=\frac{40}{9}$

따라서 □ 안에 들어갈 수 있는 자연수는 **39**입니다.

| 다른풀이 |

$2\frac{4}{9}+1\frac{7}{9}=\frac{22}{9}+\frac{16}{9}=\frac{38}{9}$

$3\frac{7}{9}+\frac{6}{9}=\frac{34}{9}+\frac{6}{9}=\frac{40}{9}$

따라서 $\frac{38}{9}<\frac{□}{9}<\frac{40}{9}$에서 □ 안에 들어갈 수 있는 수는 39입니다.

9 두 대분수의 합 중에서 가장 작은 값은

$$3\frac{5}{7}+4\frac{6}{7}=(3+4)+\left(\frac{5}{7}+\frac{6}{7}\right)$$

$$=7+\frac{11}{7}=7+1\frac{4}{7}$$

$$=8\frac{4}{7}$$

| 다른풀이 |

$3\frac{6}{7}+4\frac{5}{7}$로 계산하여도 똑같은 결과를 얻습니다.

10 $1\frac{11}{12}+\frac{5}{12}=1+\left(\frac{11}{12}+\frac{5}{12}\right)$

$$=1+\frac{16}{12}=1+1\frac{4}{12}$$

$$=2\frac{4}{12}$$

따라서 지영이네 집에 있는 설탕은 모두 $2\frac{4}{12}$ kg 입니다.

11 $2\frac{7}{10}+3\frac{9}{10}=(2+3)+\left(\frac{7}{10}+\frac{9}{10}\right)$

$$=5+\frac{16}{10}=5+1\frac{6}{10}$$

$$=6\frac{6}{10}$$

따라서 식용유와 물을 섞은 용액은 모두 $6\frac{6}{10}$ L 입니다.

12 $1\frac{7}{9}+1\frac{1}{9}+\frac{2}{9}=(1+1)+\left(\frac{7}{9}+\frac{1}{9}+\frac{2}{9}\right)$

$$=2+\frac{10}{9}=2+1\frac{1}{9}$$

$$=3\frac{1}{9}$$

따라서 책가방에 교과서와 필통을 모두 넣으면 무게는 $3\frac{1}{9}$ kg입니다.

13 토요일에 서울에서 부산까지 가는데 걸린 시간은

$$1\frac{2}{6}+3\frac{5}{6}=(1+3)+\left(\frac{2}{6}+\frac{5}{6}\right)$$

$$=4+\frac{7}{6}=4+1\frac{1}{6}$$

$$=(4+1)+\frac{1}{6}=5+\frac{1}{6}$$

$$=5\frac{1}{6}$$

일요일에 부산에서 서울까지 오는데 걸린 시간은

$$\frac{3}{6}+4\frac{5}{6}=4+\left(\frac{3}{6}+\frac{5}{6}\right)=4+\frac{8}{6}$$

$$=4+1\frac{2}{6}$$

$$=5\frac{2}{6}$$

따라서 서울과 부산을 이동하는데 더 오랜 시간이 걸린 때는 일요일입니다.

받아내림이 없는 대분수의 뺄셈

 연산훈련문제 본문 p. 104

1

(1) $1\dfrac{2}{3}-\dfrac{1}{3}=1+\left(\dfrac{2}{3}-\dfrac{1}{3}\right)$

$=1+\dfrac{1}{3}=1\dfrac{1}{3}$

(2) $2\dfrac{4}{5}-1\dfrac{2}{5}=(2-1)+\left(\dfrac{4}{5}-\dfrac{2}{5}\right)$

$=1+\dfrac{2}{5}=1\dfrac{2}{5}$

(3) $2\dfrac{5}{7}-\dfrac{2}{7}=2+\left(\dfrac{5}{7}-\dfrac{2}{7}\right)$

$=2+\dfrac{3}{7}=2\dfrac{3}{7}$

(4) $2-\dfrac{5}{9}=1\dfrac{9}{9}-\dfrac{5}{9}$

$=1+\left(\dfrac{9}{9}-\dfrac{5}{9}\right)$

$=1+\dfrac{4}{9}=1\dfrac{4}{9}$

2

(1) $2\dfrac{3}{4}-1\dfrac{2}{4}=(2-1)+\left(\dfrac{3}{4}-\dfrac{2}{4}\right)$

$=1+\dfrac{1}{4}=1\dfrac{1}{4}$

(2) $3\dfrac{5}{6}-2\dfrac{2}{6}=(3-2)+\left(\dfrac{5}{6}-\dfrac{2}{6}\right)$

$=1+\dfrac{3}{6}=1\dfrac{3}{6}$

(3) $3\dfrac{6}{8}-1\dfrac{4}{8}=(3-1)+\left(\dfrac{6}{8}-\dfrac{4}{8}\right)$

$=2+\dfrac{2}{8}=2\dfrac{2}{8}$

(4) $3\dfrac{7}{9}-2\dfrac{2}{9}=(3-2)+\left(\dfrac{7}{9}-\dfrac{2}{9}\right)$

$=1+\dfrac{5}{9}=1\dfrac{5}{9}$

(5) $3\dfrac{9}{10}-2\dfrac{5}{10}=(3-2)+\left(\dfrac{9}{10}-\dfrac{5}{10}\right)$

$=1+\dfrac{4}{10}=1\dfrac{4}{10}$

(6) $5\dfrac{11}{13}-3\dfrac{9}{13}=(5-3)+\left(\dfrac{11}{13}-\dfrac{9}{13}\right)$

$=2+\dfrac{2}{13}=2\dfrac{2}{13}$

3

(1) $2\dfrac{3}{4}-1\dfrac{1}{4}=\dfrac{11}{4}-\dfrac{5}{4}=\dfrac{6}{4}=1\dfrac{2}{4}$

(2) $3\dfrac{4}{5}-1\dfrac{2}{5}=\dfrac{19}{5}-\dfrac{7}{5}=\dfrac{19-7}{5}=\dfrac{12}{5}=2\dfrac{2}{5}$

(3) $5\dfrac{6}{7}-3\dfrac{1}{7}=\dfrac{41}{7}-\dfrac{22}{7}=\dfrac{19}{7}=2\dfrac{5}{7}$

(4) $6\dfrac{5}{8}-4\dfrac{2}{8}=\dfrac{53}{8}-\dfrac{34}{8}=\dfrac{19}{8}=2\dfrac{3}{8}$

(5) $4\dfrac{8}{9}-2\dfrac{4}{9}=\dfrac{44}{9}-\dfrac{22}{9}=\dfrac{22}{9}=2\dfrac{4}{9}$

(6) $3\dfrac{7}{10}-1\dfrac{2}{10}=\dfrac{37}{10}-\dfrac{12}{10}=\dfrac{25}{10}=2\dfrac{5}{10}$

4

(1) $3\dfrac{4}{5}-2\dfrac{2}{5}-1\dfrac{1}{5}$

$=(3-2-1)+\left(\dfrac{4}{5}-\dfrac{2}{5}-\dfrac{1}{5}\right)$

$=\dfrac{1}{5}$

(2) $4\dfrac{5}{7}-1\dfrac{1}{7}-2\dfrac{3}{7}$

$=(4-1-2)+\left(\dfrac{5}{7}-\dfrac{1}{7}-\dfrac{3}{7}\right)$

$=1+\dfrac{1}{7}=1\dfrac{1}{7}$

(3) $5\dfrac{7}{9}-2\dfrac{3}{9}-3\dfrac{1}{9}$

$=(5-2-3)+\left(\dfrac{7}{9}-\dfrac{3}{9}-\dfrac{1}{9}\right)$

$=\dfrac{3}{9}$

(4) $6\dfrac{8}{11}-3\dfrac{2}{11}-1\dfrac{4}{11}$

$=(6-3-1)+\left(\dfrac{8}{11}-\dfrac{2}{11}-\dfrac{4}{11}\right)$

$=2\dfrac{2}{11}$

5

(1) $3\dfrac{5}{6}-1\dfrac{2}{6}+\dfrac{3}{6}$

$=(3-1)+\left(\dfrac{5}{6}-\dfrac{2}{6}+\dfrac{3}{6}\right)$

$=2+\dfrac{6}{6}=2+1=3$

(2) $2\dfrac{7}{8}+3\dfrac{5}{8}-1\dfrac{3}{8}$

$=(2+3-1)+\left(\dfrac{7}{8}+\dfrac{5}{8}-\dfrac{3}{8}\right)$

$=4+\dfrac{9}{8}=4+1\dfrac{1}{8}$

$$=(4+1)+\frac{1}{8}=5+\frac{1}{8}$$

$$=5\frac{1}{8}$$

(3) $3\frac{7}{10}-2\frac{4}{10}+1\frac{9}{10}$

$$=(3-2+1)+\left(\frac{7}{10}-\frac{4}{10}+\frac{9}{10}\right)$$

$$=2+\frac{12}{10}=2+1\frac{2}{10}$$

$$=(2+1)+\frac{2}{10}=3+\frac{2}{10}$$

$$=3\frac{2}{10}$$

(4) $4\frac{8}{12}+2\frac{9}{12}-5\frac{4}{12}$

$$=(4+2-5)+\left(\frac{8}{12}+\frac{9}{12}-\frac{4}{12}\right)$$

$$=1+\frac{13}{12}=1+1\frac{1}{12}$$

$$=(1+1)+\frac{1}{12}=2+\frac{1}{12}$$

$$=2\frac{1}{12}$$

6 (1) $3+2\frac{2}{3}-4\frac{1}{3}$

$$=(3+2-4)+\left(\frac{2}{3}-\frac{1}{3}\right)$$

$$=1+\frac{1}{3}=1\frac{1}{3}$$

(2) $4\frac{4}{5}-\frac{8}{5}+2$

$$=4\frac{4}{5}-1\frac{3}{5}+2$$

$$=(4-1+2)+\left(\frac{4}{5}-\frac{3}{5}\right)$$

$$=5+\frac{1}{5}=5\frac{1}{5}$$

(3) $3\frac{7}{9}+\frac{24}{9}-4\frac{3}{9}$

$$=3\frac{7}{9}+2\frac{6}{9}-4\frac{3}{9}$$

$$=(3+2-4)+\left(\frac{7}{9}+\frac{6}{9}-\frac{3}{9}\right)$$

$$=1+\frac{10}{9}=1+1\frac{1}{9}$$

$$=(1+1)+\frac{1}{9}=2+\frac{1}{9}$$

$$=2\frac{1}{9}$$

(4) $4\frac{9}{12}-3\frac{2}{12}+2\frac{6}{12}$

$$=(4-3+2)+\left(\frac{9}{12}-\frac{2}{12}+\frac{6}{12}\right)$$

$$=3+\frac{13}{12}=3+1\frac{1}{12}$$

$$=(3+1)+\frac{1}{12}=4+\frac{1}{12}$$

$$=4\frac{1}{12}$$

| 다른풀이 |

(1) $3+2\frac{2}{3}-4\frac{1}{3}$

$$=\frac{9}{3}+\frac{8}{3}-\frac{13}{3}=\frac{4}{3}$$

$$=1\frac{1}{3}$$

(2) $4\frac{4}{5}-\frac{8}{5}+2$

$$=\frac{24}{5}-\frac{8}{5}+\frac{10}{5}$$

$$=\frac{26}{5}=5\frac{1}{5}$$

(3) $3\frac{7}{9}+\frac{24}{9}-4\frac{3}{9}$

$$=\frac{34}{9}+\frac{24}{9}-\frac{39}{9}$$

$$=\frac{19}{9}=2\frac{1}{9}$$

(4) $4\frac{9}{12}-3\frac{2}{12}+2\frac{6}{12}$

$$=\frac{57}{12}-\frac{38}{12}+\frac{30}{12}$$

$$=\frac{49}{12}=4\frac{1}{12}$$

7 $\frac{1}{7}$이 41개인 수는 $\frac{41}{7}$이고 $3\frac{2}{7}=\frac{23}{7}$입니다.

따라서 두 수의 차는

$$\frac{41}{7}-3\frac{2}{7}=\frac{41}{7}-\frac{23}{7}$$

$$=\frac{18}{7}=2\frac{4}{7}$$

| 다른풀이 |

$\frac{1}{7}$이 41개인 수는 $\frac{41}{7}=5\frac{6}{7}$입니다.

따라서 두 수의 차는

$$\frac{41}{7}-3\frac{2}{7}=5\frac{6}{7}-3\frac{2}{7}$$
$$=(5-3)+\left(\frac{6}{7}-\frac{2}{7}\right)$$
$$=2+\frac{4}{7}=2\frac{4}{7}$$

8 $5\frac{8}{9}-3\frac{4}{9}=(5-3)+\left(\frac{8}{9}-\frac{4}{9}\right)$
$$=2+\frac{4}{9}=2\frac{4}{9}$$

입니다.

$5\frac{8}{9}-3\frac{4}{9}>2\frac{\square}{9}+\frac{1}{9}$ 에서

$2\frac{4}{9}>2\frac{\square}{9}+\frac{1}{9},\ 2\frac{3}{9}>2\frac{\square}{9}$

이므로 $3>\square$입니다.

따라서 $\square$ 안에 들어갈 수 있는 자연수는 1, 2로 모두 **2**개입니다.

9 $\frac{8}{6}=1\frac{2}{6}$이므로

$3\frac{\blacklozenge}{6}-2\frac{\bullet}{6}=\frac{8}{6}$에서

$3\frac{\blacklozenge}{6}-2\frac{\bullet}{6}=1\frac{2}{6}$

$(3-2)+\left(\frac{\blacklozenge}{6}-\frac{\bullet}{6}\right)=1+\frac{2}{6}$

$\frac{\blacklozenge}{6}-\frac{\bullet}{6}=\frac{2}{6}$

$\blacklozenge-\bullet=2$입니다.

이때 $\blacklozenge-\bullet=2$를 만족하는 $(\blacklozenge,\ \bullet)$는

$(9,\ 7),\ (8,\ 6),\ (7,\ 5),\ (6,\ 4),\ (5,\ 3),\ (4,\ 2),\ (3,\ 1)$입니다.

이때 $\blacklozenge+\bullet$의 값이 가장 작을 때는 $(3,\ 1)$인 경우입니다.

따라서 $\blacklozenge\times\bullet$의 값은 $3\times1=$**3**입니다.

10 어떤 수를 $\square$라 하면

어떤 수에서 $1\frac{3}{11}$을 빼야 할 것을 잘못하여 더했더니 $3\frac{8}{11}$이 되었으므로 $\square+1\frac{3}{11}=3\frac{8}{11}$입니다.

$$\square=3\frac{8}{11}-1\frac{3}{11}$$
$$=(3-1)+\left(\frac{8}{11}-\frac{3}{11}\right)$$
$$=2+\frac{5}{11}=2\frac{5}{11}$$

따라서 바르게 계산한 값은

$2\frac{5}{11}-1\frac{3}{11}=(2-1)+\left(\frac{5}{11}-\frac{3}{11}\right)$
$$=1+\frac{2}{11}=1\frac{2}{11}$$

11 $1\frac{8}{13}-\frac{6}{13}=1+\left(\frac{8}{13}-\frac{6}{13}\right)$
$$=1+\frac{2}{13}=1\frac{2}{13}$$

따라서 남은 우유는 모두 $1\frac{2}{13}$ L입니다.

12 $12<15$이므로 수현이네 모둠이 키운 강낭콩의 길이가 더 깁니다.

$15\frac{6}{7}-12\frac{2}{7}=(15-12)+\left(\frac{6}{7}-\frac{2}{7}\right)$
$$=3+\frac{4}{7}=3\frac{4}{7}$$

따라서 수현이네 모둠이 키운 강낭콩의 길이가 $3\frac{4}{7}$ cm 더 깁니다.

13 $6\frac{1}{8}+2\frac{5}{8}-\frac{4}{8}=(6+2)+\left(\frac{1}{8}+\frac{5}{8}-\frac{4}{8}\right)$
$$=8+\frac{2}{8}=8\frac{2}{8}$$

따라서 민영이가 사용하고 남은 찰흙은 모두 $8\frac{2}{8}$ kg입니다.

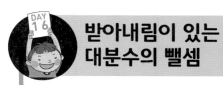

받아내림이 있는 대분수의 뺄셈

연산훈련문제　　　　　본문 p. 108

1 (1) $2-\dfrac{1}{2}=\left(1+\dfrac{2}{2}\right)-\dfrac{1}{2}$

$\qquad =1+\left(\dfrac{2}{2}-\dfrac{1}{2}\right)=1+\dfrac{1}{2}$

$\qquad =1\dfrac{1}{2}$

(2) $3-\dfrac{2}{3}=\left(2+\dfrac{3}{3}\right)-\dfrac{2}{3}$

$\qquad =2+\left(\dfrac{3}{3}-\dfrac{2}{3}\right)=2+\dfrac{1}{3}$

$\qquad =2\dfrac{1}{3}$

(3) $3-1\dfrac{2}{4}=\left(2+\dfrac{4}{4}\right)-1\dfrac{2}{4}$

$\qquad =(2-1)+\left(\dfrac{4}{4}-\dfrac{2}{4}\right)=1+\dfrac{2}{4}$

$\qquad =1\dfrac{2}{4}$

(4) $4-3\dfrac{4}{5}=\left(3+\dfrac{5}{5}\right)-3\dfrac{4}{5}$

$\qquad =(3-3)+\left(\dfrac{5}{5}-\dfrac{4}{5}\right)$

$\qquad =\dfrac{1}{5}$

2 (1) $3\dfrac{1}{4}-\dfrac{3}{4}=\left(2+1+\dfrac{1}{4}\right)-\dfrac{3}{4}$

$\qquad =2\dfrac{5}{4}-\dfrac{3}{4}=2+\left(\dfrac{5}{4}-\dfrac{3}{4}\right)$

$\qquad =2+\dfrac{2}{4}=2\dfrac{2}{4}$

(2) $4\dfrac{2}{5}-\dfrac{4}{5}=\left(3+1+\dfrac{2}{5}\right)-\dfrac{4}{5}$

$\qquad =3\dfrac{7}{5}-\dfrac{4}{5}=3+\left(\dfrac{7}{5}-\dfrac{4}{5}\right)$

$\qquad =3+\dfrac{3}{5}=3\dfrac{3}{5}$

(3) $5\dfrac{4}{6}-\dfrac{5}{6}=\left(4+1+\dfrac{4}{6}\right)-\dfrac{5}{6}$

$\qquad =4\dfrac{10}{6}-\dfrac{5}{6}=4+\left(\dfrac{10}{6}-\dfrac{5}{6}\right)$

$\qquad =4+\dfrac{5}{6}=4\dfrac{5}{6}$

(4) $6\dfrac{3}{7}-\dfrac{5}{7}=\left(5+1+\dfrac{3}{7}\right)-\dfrac{5}{7}$

$\qquad =5\dfrac{10}{7}-\dfrac{5}{7}=5+\left(\dfrac{10}{7}-\dfrac{5}{7}\right)$

$\qquad =5+\dfrac{5}{7}=5\dfrac{5}{7}$

3 (1) $2\dfrac{1}{3}-1\dfrac{2}{3}=\left(1+1+\dfrac{1}{3}\right)-1\dfrac{2}{3}$

$\qquad =1\dfrac{4}{3}-1\dfrac{2}{3}$

$\qquad =(1-1)+\left(\dfrac{4}{3}-\dfrac{2}{3}\right)$

$\qquad =\dfrac{2}{3}$

(2) $4\dfrac{2}{4}-2\dfrac{3}{4}=\left(3+1+\dfrac{2}{4}\right)-2\dfrac{3}{4}$

$\qquad =3\dfrac{6}{4}-2\dfrac{3}{4}$

$\qquad =(3-2)+\left(\dfrac{6}{4}-\dfrac{3}{4}\right)$

$\qquad =1+\dfrac{3}{4}=1\dfrac{3}{4}$

(3) $5\dfrac{3}{6}-2\dfrac{5}{6}=\left(4+1+\dfrac{3}{6}\right)-2\dfrac{5}{6}$

$\qquad =4\dfrac{9}{6}-2\dfrac{5}{6}$

$\qquad =(4-2)+\left(\dfrac{9}{6}-\dfrac{5}{6}\right)$

$\qquad =2+\dfrac{4}{6}=2\dfrac{4}{6}$

(4) $6\dfrac{1}{7}-3\dfrac{5}{7}=\left(5+1+\dfrac{1}{7}\right)-3\dfrac{5}{7}$

$\qquad =5\dfrac{8}{7}-3\dfrac{5}{7}$

$\qquad =(5-3)+\left(\dfrac{8}{7}-\dfrac{5}{7}\right)$

$\qquad =2+\dfrac{3}{7}=2\dfrac{3}{7}$

(5) $8\dfrac{3}{9}-4\dfrac{5}{9}=\left(7+1+\dfrac{3}{9}\right)-4\dfrac{5}{9}$

$\qquad =7\dfrac{12}{9}-4\dfrac{5}{9}$

$\qquad =(7-4)+\left(\dfrac{12}{9}-\dfrac{5}{9}\right)$

$\qquad =3+\dfrac{7}{9}=3\dfrac{7}{9}$

(6) $7\dfrac{5}{10}-2\dfrac{8}{10}=\left(6+1+\dfrac{5}{10}\right)-2\dfrac{8}{10}$

$\qquad =6\dfrac{15}{10}-2\dfrac{8}{10}$

$$=(6-2)+\left(\frac{15}{10}-\frac{8}{10}\right)$$

$$=4+\frac{7}{10}=4\frac{7}{10}$$

4 (1) $3\frac{1}{4}-1\frac{3}{4}=\frac{13}{4}-\frac{7}{4}=\frac{13-7}{4}$

$$=\frac{6}{4}=1\frac{2}{4}$$

(2) $4\frac{2}{5}-3\frac{2}{5}=\frac{22}{5}-\frac{17}{5}=\frac{22-17}{5}$

$$=\frac{5}{5}=1$$

(3) $4\frac{2}{6}-2\frac{5}{6}=\frac{26}{6}-\frac{17}{6}=\frac{26-17}{6}$

$$=\frac{9}{6}=1\frac{3}{6}$$

(4) $4\frac{1}{7}-1\frac{5}{7}=\frac{29}{7}-\frac{12}{7}=\frac{29-12}{7}$

$$=\frac{17}{7}=2\frac{3}{7}$$

(5) $5\frac{3}{8}-3\frac{5}{8}=\frac{43}{8}-\frac{29}{8}=\frac{43-29}{8}$

$$=\frac{14}{8}=1\frac{6}{8}$$

(6) $6\frac{4}{9}-4\frac{7}{9}=\frac{58}{9}-\frac{43}{9}=\frac{58-43}{9}$

$$=\frac{15}{9}=1\frac{6}{9}$$

5 (1) $4\frac{1}{5}-2\frac{3}{5}=3\frac{6}{5}-2\frac{3}{5}$

$$=(3-2)+\left(\frac{6}{5}-\frac{3}{5}\right)$$

$$=1+\frac{3}{5}=1\frac{3}{5}$$

(2) $3\frac{3}{6}-1\frac{4}{6}=2\frac{9}{6}-1\frac{4}{6}$

$$=(2-1)+\left(\frac{9}{6}-\frac{4}{6}\right)$$

$$=1+\frac{5}{6}=1\frac{5}{6}$$

(3) $5\frac{2}{7}-1\frac{3}{7}=4\frac{9}{7}-1\frac{3}{7}$

$$=(4-1)+\left(\frac{9}{7}-\frac{3}{7}\right)$$

$$=3+\frac{6}{7}=3\frac{6}{7}$$

(4) $4\frac{5}{8}-3\frac{6}{8}=3\frac{13}{8}-3\frac{6}{8}$

$$=(3-3)+\left(\frac{13}{8}-\frac{6}{8}\right)$$

$$=\frac{7}{8}$$

(5) $6\frac{5}{9}-4\frac{7}{9}=5\frac{14}{9}-4\frac{7}{9}$

$$=(5-4)+\left(\frac{14}{9}-\frac{7}{9}\right)$$

$$=1+\frac{7}{9}=1\frac{7}{9}$$

(6) $7\frac{4}{10}-4\frac{9}{10}=6\frac{14}{10}-4\frac{9}{10}$

$$=(6-4)+\left(\frac{14}{10}-\frac{9}{10}\right)$$

$$=2+\frac{5}{10}=2\frac{5}{10}$$

6 (1) $5\frac{2}{7}+\frac{10}{7}-2\frac{4}{7}=\frac{37}{7}+\frac{10}{7}-\frac{18}{7}$

$$=\frac{37+10-18}{7}$$

$$=\frac{29}{7}=4\frac{1}{7}$$

(2) $5\frac{2}{9}-3\frac{7}{9}+\frac{17}{9}=\frac{47}{9}-\frac{34}{9}+\frac{17}{9}$

$$=\frac{47-34+17}{9}$$

$$=\frac{30}{9}=3\frac{3}{9}$$

(3) $5\frac{8}{11}-4\frac{9}{11}+\frac{24}{11}=\frac{63}{11}-\frac{53}{11}+\frac{24}{11}$

$$=\frac{63-53+24}{11}$$

$$=\frac{34}{11}=3\frac{1}{11}$$

(4) $5\frac{2}{13}-2\frac{4}{13}-\frac{20}{13}=\frac{67}{13}-\frac{30}{13}-\frac{20}{13}$

$$=\frac{67-30-20}{13}$$

$$=\frac{17}{13}=1\frac{4}{13}$$

| 다른풀이 |

(1) $5\frac{2}{7}+\frac{10}{7}-2\frac{4}{7}$

$$=5\frac{2}{7}+1\frac{3}{7}-2\frac{4}{7}$$

$$=(5+1-2)+\left(\frac{2}{7}+\frac{3}{7}-\frac{4}{7}\right)$$

$$=4+\frac{1}{7}=4\frac{1}{7}$$

(2) $5\frac{2}{9}-3\frac{7}{9}+\frac{17}{9}$

$=5\frac{2}{9}-3\frac{7}{9}+1\frac{8}{9}$

$=4\frac{11}{9}-3\frac{7}{9}+1\frac{8}{9}$

$=(4-3+1)+\left(\frac{11}{9}-\frac{7}{9}+\frac{8}{9}\right)$

$=2+\frac{12}{9}=2+1\frac{3}{9}$

$=(2+1)+\frac{3}{9}=3+\frac{3}{9}$

$=3\frac{3}{9}$

(3) $5\frac{8}{11}-4\frac{9}{11}+\frac{24}{11}$

$=4\frac{19}{11}-4\frac{9}{11}+2\frac{2}{11}$

$=(4-4+2)+\left(\frac{19}{11}-\frac{9}{11}+\frac{2}{11}\right)$

$=2+\frac{12}{11}=2+1\frac{1}{11}$

$=(2+1)+\frac{1}{11}=3+\frac{1}{11}$

$=3\frac{1}{11}$

(4) $5\frac{2}{13}-2\frac{4}{13}-\frac{20}{13}$

$=5\frac{2}{13}-2\frac{4}{13}-1\frac{7}{13}$

$=4\frac{15}{13}-2\frac{4}{13}-1\frac{7}{13}$

$=(4-2-1)+\left(\frac{15}{13}-\frac{4}{13}-\frac{7}{13}\right)$

$=1+\frac{4}{13}$

$=1\frac{4}{13}$

7 $7\frac{4}{9}-3\frac{8}{9}=6\frac{13}{9}-3\frac{8}{9}$

$=(6-3)+\left(\frac{13}{9}-\frac{8}{9}\right)$

$=3+\frac{5}{9}=3\frac{5}{9}$

| 다른풀이 |

$7\frac{4}{9}-3\frac{8}{9}=\frac{67}{9}-\frac{35}{9}=\frac{32}{9}=3\frac{5}{9}$

8 $5\frac{3}{8}-1\frac{5}{8}=4\frac{11}{8}-1\frac{5}{8}$

$=(4-1)+\left(\frac{11}{8}-\frac{5}{8}\right)$

$=3+\frac{6}{8}=3\frac{6}{8}$

$6\frac{2}{8}-\frac{19}{8}=\frac{50}{8}-\frac{19}{8}=\frac{50-19}{8}$

$=\frac{31}{8}=3\frac{7}{8}$

이므로 $5\frac{3}{8}-1\frac{5}{8}<6\frac{2}{8}-\frac{19}{8}$ 입니다.

9 가★나=가－나＋1이므로

$6\frac{4}{11}★2\frac{6}{11}=6\frac{4}{11}-2\frac{6}{11}+1$

$=5\frac{15}{11}-2\frac{6}{11}+1$

$=(5-2+1)+\left(\frac{15}{11}-\frac{6}{11}\right)$

$=4+\frac{9}{11}=4\frac{9}{11}$

10 어떤 수를 □라 하면

어떤 수에서 $\frac{8}{12}$ 을 빼야 할 것을 잘못하여 더했더

니 $5\frac{3}{12}$ 이 되었으므로 $□+\frac{8}{12}=5\frac{3}{12}$ 입니다.

$□=5\frac{3}{12}-\frac{8}{12}=4\frac{15}{12}-\frac{8}{12}$

$=4+\left(\frac{15}{12}-\frac{8}{12}\right)=4+\frac{7}{12}$

$=4\frac{7}{12}$

따라서 바르게 계산한 값은

$4\frac{7}{12}-\frac{8}{12}=3\frac{19}{12}-\frac{8}{12}$

$=3+\left(\frac{19}{12}-\frac{8}{12}\right)$

$=3+\frac{11}{12}=3\frac{11}{12}$

11 $4\frac{6}{12}-2\frac{10}{12}=3\frac{18}{12}-2\frac{10}{12}$

$=(3-2)+\left(\frac{18}{12}-\frac{10}{12}\right)$

$=1+\frac{8}{12}=1\frac{8}{12}$

따라서 남아있는 테이프는 모두 $1\frac{8}{12}$ m입니다.

12 세로의 길이는 가로의 길이보다 $2\frac{5}{6}$ cm 더 짧으므로

$$7\frac{2}{6}-2\frac{5}{6}=6\frac{8}{6}-2\frac{5}{6}$$

$$=(6-2)+\left(\frac{8}{6}-\frac{5}{6}\right)$$

$$=4+\frac{3}{6}=4\frac{3}{6}$$

따라서 직사각형의 네 변의 길이의 합은

$$7\frac{2}{6}+7\frac{2}{6}+4\frac{3}{6}+4\frac{3}{6}$$

$$=(7+7+4+4)+\left(\frac{2}{6}+\frac{2}{6}+\frac{3}{6}+\frac{3}{6}\right)$$

$$=22+\frac{10}{6}=22+1\frac{4}{6}$$

$$=(22+1)+\frac{4}{6}=23+\frac{4}{6}$$

$$=23\frac{4}{6}\,(\text{cm})$$

13 $40+1\frac{4}{7}-1\frac{2}{7}+2\frac{3}{7}-2\frac{5}{7}$

$$=(40+1-1+2-2)+\left(\frac{4}{7}-\frac{2}{7}+\frac{3}{7}-\frac{5}{7}\right)$$

$$=40$$

따라서 5주가 지난 뒤 진호의 몸무게는 **40 kg**입니다.

MEMO

MEMO

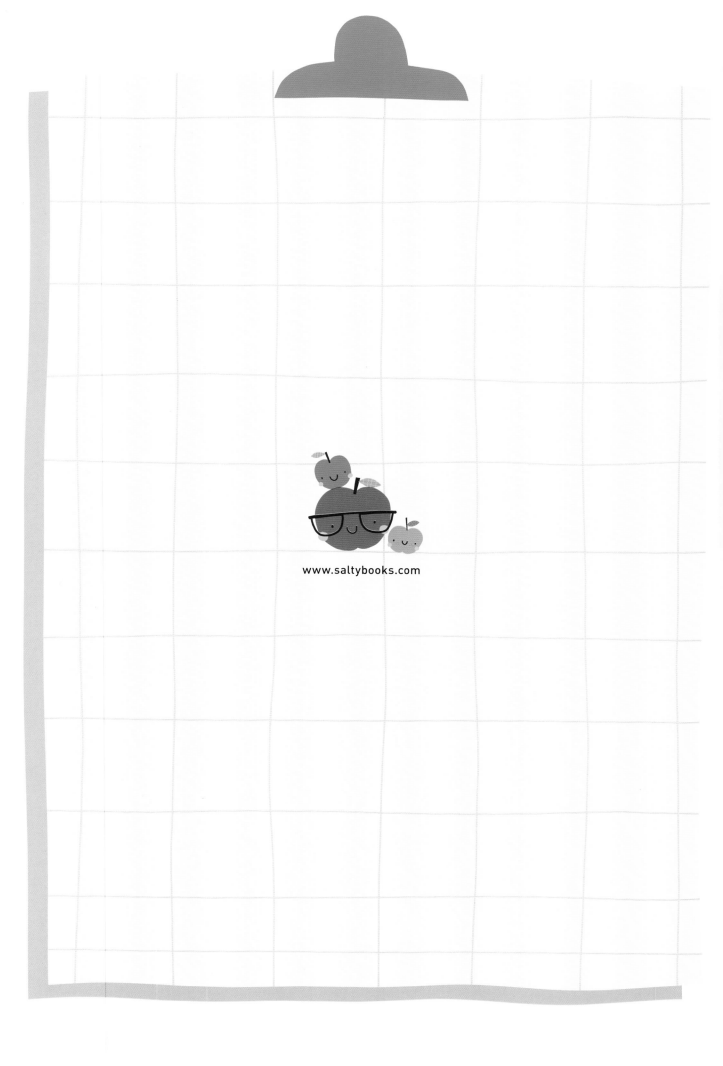

www.saltybooks.com